KB019544

사춘기,
기적을 부르는 대화법

사춘기, 기적을 부르는 대화법

1판 1쇄 발행일 2022년 6월 15일 **1판 2쇄 발행일** 2023년 3월 6일

지은이 박미자
펴낸곳 (주)도서출판 북멘토 **펴낸이** 김태완
편집주간 이은아 **편집** 김경란, 조정우
디자인 키꼬, 안상준 **마케팅** 이상현, 민지원, 염승연
출판등록 제6-800호(2006. 6. 13.)
주소 03990 서울시 마포구 월드컵북로6길 69(연남동 567-11) IK빌딩 3층
전화 02-332-4885 **팩스** 02-6021-4885
🏠 bookmentorbooks.co.kr ✉ bookmentorbooks@hanmail.net
🅾 bookmentorbooks__ 🅵 bookmentorbooks

ⓒ 박미자, 2022

ISBN 978-89-6319-045-7 13590

사춘기,
기적을 부르는 대화법

박미자 지음

북멘토

차례

3부 자존감을 높이는 대화법

4부 감정을 표현하는 대화법

부모로 살아온 십여 년, 고생 많으셨습니다

"지금까지 우리는 많은 사람에게 박수를 보냈습니다. 이 시간에는 십 년이 넘는 세월 동안 부모로 살아온 자신에게 박수를 보내 주십시오. 아이를 먹이고 씻기고… 어린 생명을 돌보면서 고맙고 즐거운 일들도 많았지만, 고생스럽고 애타는 심정으로 보낸 시간도 많았을 것입니다. 고생 많으셨습니다. 부모로 살아온 모든 시간에 애정과 위로의 마음을 담아서 박수와 응원을 보내 드립니다."

아이들이 태어나는 일, 아이들이 십 년을 성장하여 새로운 고민과 성장의 시간을 맞이하는 일들은 우리가 살면서 지켜볼 수 있는 가장 소중하고 아름다운 날들입니다.

저는 삼십여 년을 중학교에서 교사로 살았습니다.

인간의 성장 과정에서 가장 빛나고 눈부신 성장을 하는 시기. 아름다운 사춘기의 절정을 보내는 중학생들은 사랑스러웠지만 힘들었습니다. 저마다 다양한 빛깔로 웃고, 크고 작은 목소리로 교실은 쉽게 출렁거렸습니다. 날마다 새로운 문제들을 만나면서 부족하고 약한 나 자신의 모습을 마주하는 날들이 많았습니다. 특히 우리 집 아이들의 사춘기는 정말 힘들었습니다. 갈등도 많이 겪었고, 소리도 지르고 사과도 많이 했습니다. 아이랑 말다툼을 할 때면, 하고 싶은 말들을 끝까지 하는 아이 모습을 보면서 '나는 부모에게 말대답도 잘 못하고 그저 혼나지 않도록 조심했던 것 같은데…'라는 생각을 하면서 눈물을 삼키기도 했습니다.

그러던 어느 날, "싫은데요?", "저는 생각이 달라요"라는 내 아이의 목소리를 들으며, 나 자신을 돌아보았습니다.

'내 인생의 의미는 무엇일까?'
'나는 무엇을 위해 살고 있는 걸까?'

아이만을 집중해서 보고 있었기에 '나 자신도 세상도 보지 못하고 있는 것은 아닌가!' 하는 생각이 들었습니다. 그래서 사춘기 청소년의 부모인 나를 돌보기로 했습니다. '그래, 이제라도 일주일에 한 번쯤 시간을 내서 배우고 싶은 것을 배우자. 정기적으로 운동을 하자. 나에게 책을 선물하고, 음악회에 가고, 차를 마시고, 산책을 즐기자. 오래된 친구에게 전화를 걸자. 돈을 모아서 아이와 함께 낯선 지역으로 여행을 가자. 일상을 즐겁게 살자'라고요.

부모가 일상에서 즐겁고 행복하게 살아가는 모습을 보는 것은 사춘기 청소년에게 가장 유익한 배움입니다. 부모가 일상을 행복하게 살아야 아이도 일상이 즐겁습니다. 그리고 인생이 아름답고 살 만한 것이라는 생각을 할 것입니다. 힘내십시오. 사춘기 자녀의 성장과 함께 더 큰 어른으로 성장해 갈 사람들, 우리는 부모입니다.

대화는 새로운 관계를 만듭니다

대화는 정보와 생각을 전달할 뿐 아니라, 새로운 관계를 만들어 냅니다.

인간은 대화를 통해서 존중받고 있음을 느낄 때, 상대방에게 마음을 열게 됩니다. 그리고 좋은 대화는 일상을 즐겁게 하고, 삶의 의욕을 갖도록 북돋워 줍니다. 자신을 사랑하고 존중하는 사람들과 즐겁게 대화했던 기억들은 추억으로 남아서 오래오래 우리의 인생을 지켜 줍니다.

사춘기 청소년이 자신의 삶을 사랑하고 자기 생각을 대화로 표현하는 사람으로 성장하기를 기대합니다. 사춘기 청소년이 지금 행복하고 미래에도 행복할 수 있는 가장 중요한 일은 부모로부터 다른 사람을 존중하고 경청하는 대화법을 배우는 일입니다.

이 책은 모두 4부로 구성되어 있습니다. 관계를 바꾸는 세 가지 대화법, 사춘기 자녀의 특징을 반영하는 세 가지 대화법, 자존감을 높이는 세 가지 대화법, 그리고 솔직하게 감정을 표현하는 세 가지 대화법까지 총 열두 가지 대화법을 사례별로 정리하였습니다. 자신의 사춘기를 돌아보며, 문장 하나하나까지 세심하게 챙기며 원고를 검토했던 사랑하는 딸 김지수와 함께 작업했습니다. 책이 나오기까지 애써 주신 북멘토의 편집진과 디자인팀의 노고에 감사드립니다. 자녀와의 대화 사례를 기꺼이 공유해 주시고, 활용할 수 있도록 동의해 주신 분들, 우리 아이들을 사랑하고 우리 아이들에게 더 좋은 세상을 물려주기 위해 애쓰시는 많은 분들께 감사드립니다.

1부

관계를 바꾸는
세 가지 대화법

사춘기 청소년은 '내가 알아서 할 거야'라는 말을 입에 달고 살지만 부모 입장에서는 여전히 어리게 느껴지고, 불안한 마음이 있습니다. 어린 시기에는 무조건 보호해 주고, 성인이라면 믿고 떠나 보내면 되겠지만, 사춘기 청소년이라서 적당한 거리두기와 보호를 함께하는 일은 정서적으로 정말 어렵고 힘이 듭니다. 부모가 이상해서도 아니고 아이가 이상해서도 아닙니다.

　그런데, 사춘기 청소년도 어린 시절처럼 부모와 잘 지내기가 쉽지 않습니다. 사춘기 청소년은 부모의 요구에 따라서가 아니라, 자신들의 요구를 중심으로 성장해야 할 시기이기 때문입니다. 사춘기 청소년은 조금 더 자기 자신의 생각과 개성을 추구하고, 인생의 주인으로 살고 싶은 욕구를 갖게 됩니다. 앞으로 부모에 의존하지 않고 독립적인 삶을 살아갈 수 있는 성인으로 살기 위해서 꼭 필요한 '자아 정체성'을 추구하는 '인생의 전환기'라고 할 수 있습니다.

우리의 자녀들은 부모와는 다른 조건, 다른 환경에서 성장했습니다. 사회가 경제적으로 더 풍요로워졌고, 더 민주화되었기 때문에 지금의 사춘기 청소년은 지금 부모의 성장 시기보다 더 풍요롭고 자유롭게 살아왔습니다. 그래서 부모의 의견에 따르기보다는 자기표현과 권리에 대한 요구가 더 많이 발달했습니다.

부모가 살았던 시대와 달리 빠른 속도로 변화하는 과학 기술과 정보의 변화도 청소년의 문화에 영향을 주고 있습니다. 시대적 변화에 따라 사춘기 청소년이 삶의 주인으로 살아갈 힘을 기르기 위해서는 부모와 자녀의 관계가 서로를 존중하는 방식으로 변화해야 합니다.

부모가 사춘기 청소년을 대하는 태도와 대화의 방식은 어린 시절처럼 그저 일방적으로 보호하고 감싸 주는 것으로는 충분하지 않습니다. 서로의 생각을 존중하고 의견을 경청하는 대화법으로 대등한 관계를 형성할 필요가 있습니다.

여기서는 사춘기 청소년과 부모의 관계를 바꾸기 위한 대화법을 세 가지로 제안하고 있습니다. 첫째, 명령형에서 의문형으로 바꾸는 '의문형 대화법'입니다. 둘째, 꼭 해야 하는 문제 해결 과제를 회피하지 않고 '직면하는 대화법'입니다. 그리고 셋째는 부모의 생각이나 경험으로 추측하거나 단정하지 않는 '사실 중심 대화법'입니다.

이 세 가지 대화법은 부모가 자녀의 생각과 의견을 듣겠다는 관계의 변화를 반영하고 있습니다. 예나 지금이나 사춘기 청소년은 변함없이 성장하고 있습니다. 하지만 부모들이 경험했던 사춘기와 비교할 때, 우리 아이들은 세상의 주인으로 더욱 당당하게 자신감 있게 표현하고 경험하며 살아갈 수 있도록 준비해야 합니다. 이 세 가지 대화법에 대해서 각각의 의미를 살펴보고 사례에 따라 적용해 보겠습니다.

생각을 이끌어 내는
의문형 대화법

"너는 그런 문제 신경 쓰지 말고 공부나 해라."
"쓸데없는 참견하지 말고 네 할 일이나 해!"

사춘기 아이들이 가장 싫어하는 말들입니다.

사춘기 아이들은 자신이 살아가는 세상에서 일어나는 여러 가지 문제에 관심이 많습니다. 가족 간에 일어나는 일에도 관심이 많고 사회적인 문제에도 관심이 많습니다. 하지만 그런 관심을 일방적으로 끊어 내는 명령형 대화법은 아이를 수동적으로 만들어 버립니다. '내가 또 무엇을 잘못했나?'라는 방어 의식이 내면에 자리 잡게 되기 때문입니다.

사춘기 자녀와의 대화에서 필요한 것은 의문형 대화법입니다.

의문형 대화법은 대화를 진행할 수 있게 만듭니다. 그리고 대화의 주도권을 부모가 아닌 아이가 갖도록 해 줍니다. 명령형 언어는 노예로 기르는 언어이고, 의문형 언어는 주인으로 성장하도록 돕는 언어이기 때문입니다.

의문형 대화법은 부모가 경청하겠다는 적극적인 메시지를 줍니다. 사춘기 청소년은 더 많은 이야기를 하고 싶어 하고, 더 많은 것을 알고 싶어 합니다. 그리고 더 많은 인정을 받고 싶어 합니다. 만약 우리 아이가 어떤 문제에 관심을 가진다면 의문형 대화법은 그 문제를 중심으로 더 많은 대화를 진행할 수 있는 계기가 될 수 있습니다. 아이의 의견을 듣는 질문이 주가 되는 의문형 대화법을 활용한다면, 자녀에게 더 많은 이야기를 들을 수 있습니다. 우리 아이가 무슨 문제에 관심이 있는지, 어떤 노래를 좋아하는지, 왜 좋아하는지, 어떤 사람에게 관심이 있는지 등을 알 수 있는 좋은 기회입니다. "너는 꼭~", "생각을 해도~", "쯧쯧~" 등으로 아이의 말을 막아서는 안 됩니다.

의문형 대화는 "왜 그랬어?"라고 꼬치꼬치 캐묻는 질문을 말하는 게 아닙니다. 그런 질문은 추궁당하고 있다는 느낌을 아이에게 줄 수 있습니다. 어떤 부모님은 "저는 질문이 어렵습니다. 어떻게 좋은 질문을 하는 방법을 배울 수 있나요?"라는 상담을 주시기도 합니다. 좋은 질문을 만드는 것이 아니라, "어떻게 할까?", "어떤 점이 힘들었어?" 등 아이의 생각을 묻고 이해하기 위한 질문, 아이의 마음을 위로하고 공감하기 위한 질문을 해야 합니다.

사춘기 청소년과 대화할 때는 명령형 언어가 아니라, 의문형 언어로 바꾸어야 합니다. 명령형 언어는 노예로 기르는 언어이며, 의문형 언어는 주인으로 성장하도록 돕는 언어라고 할 수 있습니다.

너는 어떻게 생각해?

학교에서 전화 왔었어. 네가 수업 시간에 선생님께 대들었다며?

아 쪼잔해. 그런 일로 집에 전화까지 하고. 내가 수업 시간에
문제점을 좀 따지고 질문했는데… 기분 나빴나 보네.

말하는 것 좀 봐라. 선생님한테 쪼잔해가 뭐야. 안 봐도 비디
오야. 수업 시간 행동이 상상이 간다. 사과하는 것이 좋겠어.

싫어요.

싫고 좋고가 어디 있어. 선생님 입장에서는 공개적으로 망신
당했다고 생각하실 거야. 잘못했으면 사과를 해야지!

그런 게 아니라고.

아니긴 뭐가 아냐. 엄마가 하라는 대로 해!

싫다고요.

제발, 말 좀 들어!

사춘기 아이들은 뭘 조금 알게 되면 잘난척하다가 선생님과
충돌하여 문제가 생기는 경우가 있습니다. 이럴 때, 많은 부모
님은 버릇없는 아이로 찍힐까 봐 염려하여 시시비비를 따지기

보다는 빨리 사과하고 화해하는 방식으로 마무리하기를 바랍니다. 그러나 아이는 나름대로 억울한 마음에 항변하는 모습을 보이고 부모는 그런 아이가 걱정되어 강한 명령형 언어를 사용하게 됩니다.

일방적으로 아이 입장만 옹호하는 것은 교육적으로 좋지 않습니다. 그렇다고 일방적으로 선생님에 대한 예의를 갖추라고 훈계하는 것도 좋지 않습니다. 어떤 일이 있었는지, 아이는 그 문제를 어떻게 대하고 있는지를 대화를 통해서 이해하고, 아이가 스스로 문제를 해결할 수 있도록 돕기 위해서는 부모가 옳다고 생각하는 행동을 명령하는 대화보다는 의문형 대화법이 필요합니다. 아이가 불쾌해하는 선생님의 전화도 사실은 선생님께서 학생에 대한 애정이 깊기 때문에 가능한 측면이 있습니다. 의문형 대화법으로 아이의 상황과 마음을 살펴 주고, 선생님의 입장도 생각해 보는 계기로 삼는 것이 좋습니다.

위의 대화를 의문형 언어를 사용하는 방식으로 바꿔 보겠습니다.

> 학교에서 전화 왔어. 오늘 수업 시간에 무슨 일이 있었어?

아 쪼잔해. 그런 일로 집에 전화까지 하고, 내가 수업 시간에 문제점을 좀 따지고 질문했는데… 기분 나빴나 보네.

어떤 상황이었는지 말해 줄 수 있어?

선생님께서 설명을 하는데 잘 안 들려서 크게 좀 말해 주시라고 했어. 그런데 우리가 떠들어서 그렇다고 핑계를 대잖아. 그리고 설명해 주셨는데 내가 알고 있는 것이랑 달라서 질문을 했더니, 지금 수업 시간이 어수선하니 그 문제는 나중에 이야기하자고 하셨어요. 그래서 내가 왜 지금 설명해 주시면 안 되냐고 대들었어요.

상황이 안 좋았구나.

….

엄마는 항상 네 편이야. 그래도, 이번 일은 선생님 입장에서 보면 섭섭하실 수 있겠다고 생각되는데, 네 생각은 어때?

나도 잘못한 점은 있어요.

어떻게 하면 좋을까?

선생님께 사과드릴까요?

그게 좋겠다. 할 말은 생각했어?

대들듯이 말씀 드린 것 사과한다고….

늦은 시간은 아니니까 지금 전화 드려 보고, 통화 안 되면 내일 학교 가서 꼭 말씀 드려.

명령형 언어는 노예를 길들이기 위한 언어입니다. 노예에게는 생각할 기회를 주는 말이 아니라, 해야 할 일들을 지시하는 말이 필요합니다. 노예는 그저 지시하는 대로만 행동하기 때문입니다. 사람을 노예로 만드는 첫걸음은 질문을 금지하고 해야 할 일만 지시하고 명령하는 것입니다. 그리고 지시를 얼마나 이행했는지 평가하면, 사람들은 점차 노예로 길들여집니다.

누구나 명령형 언어에는 불편함을 느끼지만, 사춘기 청소년은 더욱 예민하게 거부감을 갖습니다. 부모님들께서도 청소년 시절에 '집 청소를 좀 해 볼까?' 하는 마음이 생겨서 청소 도구를 잡으려고 하는데, "청소 좀 해라! 집 안이 이렇게 어지러운 것이 네 눈에는 안 보이냐?"라는 질책과 명령형 언어를 들으면 어쩐지 하기 싫어지는 심정을 경험했을 것입니다. 더구나 지시하고 명령하는 언어를 자주 듣게 되는 경우에는 알 수 없는 저항감을 느낄 수도 있습니다.

아이와 부모와의 관계에서도 서로 대등한 관계로 존중하는 것이 중요합니다. 명령형 언어는 아이와 부모를 지시하는 자와 지시를 받는 자로 나누는 경향이 있습니다. 그러면 아이와의 관계는 대등한 관계가 아닌 수직적인 관계로 규정되고 맙니다.

사춘기 청소년은 독립심이 높아지고 자아 정체성이 형성되는 시기입니다. 그래서 일방적인 명령형 언어를 들으면 자신의 선택과 의견이 보장되지 않는다고 예민하게 생각할 수 있습니다. 명령형 언어와 지시형 언어 같은 일방적인 언어에서 오는 저항감으로 아이가 부모와 심리적 거리두기를 할 수도 있습니다.

　명령형 대화법과 의문형 대화법을 가르는 가장 큰 차이는 상대방을 존중하는 마음입니다. 서로 대등한 관계로 의견을 묻고 의견을 말하는 대화가 필요합니다. 부모가 결정한 사실을 전달하거나 강요하는 것이 아니라, 자녀가 생각하도록 기다리는 과정이 필요합니다. 부모에게 자신의 의견을 말할 기회를 주고, 스스로 책임 있게 결정할 수 있도록 권장하고 기다리는 것입니다.

　의문형 대화는 상대방의 의견을 듣겠다는 자세로 진행하기 때문에 대화를 통해서 관계를 바꿀 수 있습니다. 사춘기 청소년은 부모에게 경제적으로나 사회적으로나 의존하여 생활하기 때문에 부모와 자신과의 관계를 대등한 관계라고 생각하기 어렵습니다. 그런데 부모가 사춘기 자녀와 의문형 언어로 대화한다는 것은 자녀의 의견을 듣고 존중한다는 강한 메시지를 담고 있습니다.

"시작할까?"

"너는 어떻게 생각해?"

"그렇구나. 이제 어떻게 하면 좋을까?"

자녀의 고민과 질문을 명령형으로 끝맺지 마세요. 아이가 고집을 부리며 반발하거나, 반항심으로 더 큰 사건을 불러올 수 있습니다. 부모 입장에서 가끔은 강한 명령형 언어로 아이를 다그치고 경각심을 주려는 생각이 들 수도 있습니다. 그러나 그럴 때마다 아이는 스스로 생각해 결정하기보다는 다른 이의 생각과 결정을 기다리는 수동적 태도를 갖게 될 수 있습니다. 그리고 부모의 대화법은 자녀에게 서로 존중하는 인간관계를 경험할 수 있는 기회를 마련하는 일이기도 합니다. 일상생활에서 부모가 자녀에게 명령형 언어가 아닌 의문형 언어로 대화하는 과정은 관계의 대등함을 배우는 과정입니다.

아이가 청소를 싫어합니다

방이 이게 뭐냐!

방이 왜, 어때서?

너무 어지럽잖아!

내가 알아서 할게!

　사춘기 청소년은 '지금 당장 내가 시키는 대로 하라'는 식의 말과 태도를 무척 싫어합니다. 이 시기의 아이들은 부모와 선생님 등 누군가가 자신을 어딘가로 일방적으로 끌고 가려고 하면 할수록 저항을 하는 경향이 있습니다. 그 방향이 옳다는 점을 인식하고 있다고 해도 명령형 언어에는 거의 무조건적인 저항을 하는 것이 사춘기 청소년의 특징입니다. 당장 눈앞에 어지럽혀진 방이 보이는데도 그렇습니다.

　인간은 자기 삶의 주인으로 살고 싶다는 주인 의식이 있기 때문에 존엄한 존재로 살아갈 수 있습니다. 아이에게 사춘기는 아직 주인으로 독립해서 살아갈 정도의 준비는 부족하지만, 주인으로 살고 싶은 의욕만큼은 특별히 발달하는 시기라고 할 수 있습니다. 사춘기가 시작된 아이는 부모와 선생님 등 누군가가 자신의 일상생활에서 주인이 되어 어딘가로 끌고 가려고 할 때마다 저항하고, 짜증과 무력감을 느낀다고 보시면 됩니다. 따라서 당장 눈에 거슬리더라도 시간을 갖고 합의하고 기다려 주면서 다시 독려하는 의문형 대화법이 효과적입니다. 의문형 대화법은 비난하거나 잘못을 확인하고 떠보는 방식이 아니라, 마음을 나누며 대화를 이어 나가는 방식으로 사용하는 것이 중요합니다.

> 요즘 많이 바쁜가 보네?

갑자기 왜?

> 방이 많이 어질러 보여서 그래.

내가 알아서 할게.

> 그럼 언제까지 가능할까?

음 이번 주 토요일까지는 정리할게요.

> 그래, 그럼 그때까지 기다릴게.

　물론 의문형 대화법이 결과를 보장해 주지는 않습니다. 위 예시는 의문형 대화법으로 좋게 마무리되었지만, 정작 토요일에 방 정리가 안 되어 있을 수도 있습니다. 이럴 때는 대화보다는 아이와 함께 정리를 시작하는 것이 좋습니다. 지나치게 어지럽지 않도록 방에서 좀 굵은 것만 정리해 주고 웃어 주세요. 아이의 게으름보다는 아이의 양심을 더 믿어야 합니다. 양심은 아이가 자신을 돌아볼 때마다 점점 성장합니다. 훈계를 한다고 해서 양심이 자라나지는 않습니다. 의문형 대화법이 그래서 중요합니다. 의문형 대화법은 아이에게 바른길을 가라고 지시하는 대화법이 아니라, 스스로 바른길을 찾아갈 수 있도록 생각하는 힘을 길러 주는 대화법이기 때문입니다.

자신이 선택하고 결정하는 시간

또 무슨 일이 있었나 보네.

○○이 하고 싸웠어요. 에이, 짜증 나.

학교에서 돌아온 아이가 현관문을 꽝 닫으며 가방을 휙 던집니다. 부모를 보고도 인사는 접어 두고 화부터 냅니다. 어쩌면 이럴 때가 부모에게는 가장 당황스러운 순간인지도 모릅니다. 부모와 자식 간이 아닌 자식과 친구 사이의 일로 생겨난 문제이기 때문입니다. 끼어드는 것도 애매하고, 무엇보다 무슨 일이 있었는지 모르니까 섣부르게 충고를 하는 것도 어색합니다. 미리 넘겨짚거나 훈계를 하는 것은 전혀 도움이 되지 않습니다. 이때도 차분하게 의문형으로 대화를 전환하는 것이 필요합니다.

의문형 대화법은 자신의 생활에서 일어나는 문제들에 대하여 자신이 선택하고 결정할 수 있는 시간을 갖도록 도와주는 대화법입니다. 명령형 대화법은 아이의 행동을 요구합니다. 반면 의문형 대화법은 질문을 받은 아이를 생각의 길로 이끕니다. 그리고 생각에 따른 말을 하도록 만듭니다. 의문형 대화법이 좋은 이유는 아이 스스로 생각해서 표현하고 결정하고 행동하도록 돕기 때문입니다.

의문형 대화법은 부모와 자식 간의 관계를 동등한 인격체 간의 대화로 격상시킵니다. 질문한다는 것은 아이가 바라는 것과 부모가 바라는 것이 다를 수 있다는 사실을 전제하고 이루어지는 대화입니다. 질문에 대답하는 과정을 이어 가며 청소년은 자신의 문제에 대해 스스로 생각하고 결정하는 힘을 기릅니다. 그리고 꼭 어른들이 바라는 방향으로 생각하고 결정하지 않아도 된다는 것, 자신의 의견이 부모와 달라도 괜찮다는 것을 배우게 됩니다.

사람이 행복해지기 위해 가져야 할 것은 무엇일까요? 그것은 자신과 관련된 문제들에 대해 자신의 의견을 보태 선택하고 스스로 결정하는 능력입니다. 스스로 선택하고 결정하는 사람이 책임감 있고 행복한 삶을 살아갈 수 있습니다. 사춘기는 그러한 선택과 결정을 시도해 보고 시행착오를 경험하면서 어른들의 조언을 듣고 다시 최선의 선택과 결정을 경험해 볼 수 있는 시기입니다.

아이가 일상생활에서 부모의 기대에 어긋나는 행동을 할 때가 있습니다. 그럴 때도 화를 내거나 시정하라는 명령을 내리기보다는 먼저 왜 그런 행동을 했는지 물어봐 주는 것이 필요합니다. 아이를 향한 질문을 통해서 부모는 아이와 함께 아이의 생각을 깊게 들여다보고 아이와 생각을 공유할 수 있는 기회를 갖게 됩니다. 동시에 아이는 자기 생각을 표현할 수 있는 성장의 기회를 갖고, 부모로부터 경청하는 태도와 친절하게 말하는 태도를 배울 수 있습니다.

힘들어 보이네.

○○이 하고 싸웠어요. 에이, 짜증 나.

(가방을 휙 던집니다.)

그동안 잘 지내더니 왜?

아 짜증나~ 시험도 힘들고 신경 쓸 일도 많은데….

무슨 일이 있었어?

○○이가 만화책을 빌려 달라고 해서 줬어요.

그런데 수업 시간에 선생님한테 뺏겼어요. 선생님한테 가서 찾아오라고 했더니 오히려 화를 내는 거예요. 그래서 내가 싫은 소리를 좀 했더니 울잖아요. 어이없어서….[01]

그래, 이야기해 줘서 고마워. 내가 뭐 도울 일이 있을까?

대화가 여기까지 오면, 아이들은 대체로 "제가 알아서 할게요"라고 대답합니다. 설령 그렇게 아이가 말하지 않아도 마음을 좀 위로하고 토닥거려 주면 됩니다. 부모님께 자신의 이야기를 하고 그 이야기를 통해 부모로부터 지지를 받았다는 것만으로도 아이의 마음은 달라집니다. 그리고 스스로 상황을 해결할 수 있는 여유를 갖게 됩니다.

질문 되돌려 주기

"선생님, 이번 선거에서 누구 찍으실 거예요?"

선거 시기가 되면 학생들은 이런 질문을 합니다.

---

01 박미자, 《중학생, 기적을 부르는 나이》, 들녘(2013), 58쪽.

그럴 때에는 대답을 솔직하게 할 수도 없고 난감합니다.

저는 즉답을 하기 어려운 질문을 받았을 때는 상대방에게 질문을 되돌려 주는 방식으로 대화를 이어 나갑니다.

"여러분은 어떤 사람을 찍고 싶으신가요? 그 이유는 무엇인가요?"라고 묻고 몇몇 학생들의 이야기를 경청한 후에, "여러분의 이야기를 참고하여 투표권을 잘 행사하겠습니다"라고 마무리합니다.

가정에서 사춘기 자녀와 대화를 나눌 때도, 즉각 대답하기 어려운 질문을 받을 때가 있습니다. 그럴 때 왜 그런 질문을 하냐고 나무라거나, 뻔한 교훈을 말하거나 횡설수설하며 설득력이 없는 답변을 할 수도 있습니다. 곤란한 질문을 했던 아이를 탓하거나, 쓸데없는 질문이었다고 폄훼할 수도 있습니다. 그렇게 답변하고 나면 부모 체면도 서지 않고 아이와의 관계가 어색해질 수도 있습니다. 이럴 때는 우선 한 박자 쉬고, 아이의 생각을 물어보면서 대화의 길을 찾는 것이 좋습니다.

> 내가 나중에 이성 친구 사귀면 함께 여행가도 돼요?

함께 여행갈 수도 있겠지.

> 언제쯤 되면 1박을 하는 여행도 갈 수 있을까?

….

네 생각에는 언제쯤 그런 여행이 가능할 것 같아?

난처한 질문을 받았을 때, 곧바로 부모의 의견을 이야기하거나 설교 형식으로 이야기하기보다는 아이에게 그 질문을 다시 돌려 주면서 아이의 말을 끌어내는 편이 좋습니다. 아이의 의견을 듣고 공감해 주면서 부모의 생각을 조금 보태는 방식으로 대화하는 것입니다.

"너는 어떻게 생각해?"
"어려운 문제네. 어떻게 하면 좋을까?"
"글쎄… 나는 너의 생각을 들어보고 싶어."

이렇게 질문을 되돌려 주는 대화를 하면 사춘기 자녀도 자기 나름대로 생각하는 시간을 갖게 되고, 부모 입장에서는 자녀의 생각이나 가치관을 알 수 있는 기회를 갖게 됩니다. 자녀가 더 많이 생각하고 더 많이 말할수록 부모와 자식 간의 대화는 활기차고 재미있어집니다.

> 엄마는 왜 아빠랑 결혼하셨어요?

좋아했으니까!

> 어떤 점이 그렇게 좋았어요?

네가 보기에는 아빠의 어떤 점이 좋았을 것 같아?

이렇게 질문을 되돌리면 아이 입장에서 떠올린 부모의 장점을 알 수 있습니다. 그러면 네가 말한 그 점도 좋았다며 엄마의 관점에서 좋았던 점도 이야기해 주면 대화가 풍성해집니다.

> 이번 여름에 가족 여행 어디로 갈 거예요?

글쎄다. 너는 어디에 갔으면 좋겠어?

이런 방식으로 일상생활에서 다양하게 아이의 의견을 들어보면 생활의 다양한 방면에서 아이의 취향이나 원하는 것들이 무엇인지 알 수 있게 되고 친밀감도 높아질 수 있습니다. 부모가 자녀들의 말을 잘 경청해 주면, 자녀들은 부모와 대화하면서 생각하는 힘을 기르게 될 것입니다. 사춘기 아이가 삶의 주인으로 성장하도록 돕는 것은 자신의 문제에 대해 스스로 생각해 보고, 표현해 보는 시간을 자주 갖는 것입니다. 자녀가 묻는 문제에 부모가 정답을 알려 주지 않아도 됩니다. 아이의 삶은 아이가 생각하고 선택하면서 살아갈 것입니다. 부모와 보호자는 대화를 통해 청소년이 스스로 생각할 시간을 갖고 자신과 다른 사람을 존중하고 유익한 선택을 할 수 있는 힘을 기르며 성장하도록 지원하는 사람입니다.

대화란 바로 서로의 생각을 존중하고 자신의 생각을 표현하는 시간을 갖는 기회를 보장하는 과정입니다. 대화를 통해서 사람들은 자신이 선택해야 할 문제에 대해 더 많이 생각할 기회를 갖게 됩니다. 의문형 대화법과 경청을 통해서 대화하는 즐거움을 경험한 청소년은 다른 사람의 말에 쉽게 휘둘리지 않습니다. 자신의 삶에 대해 심사숙고하여 선택하는 삶을 살게 될 가능성이 높다고 할 수 있습니다.

· 02 ·

직면하는 대화법

학교 가기 싫어요.

뭐라고?

학교 가기 싫다고요!!

….

나 자퇴하면 안 될까?

그걸 말이라고 해?

사춘기 청소년과의 대화는 결코 쉽지 않습니다. 자신에게 생긴 문제를 명확하게 정리해서 말하는 데 익숙하지 않은 시기이기 때문이지요. 그런데 부모 역시 그런 면에서는 크게 다르지 않습니다.

많은 부모와 자녀들이 문제가 생겼을 때 제대로 된 대화법을 찾지 못해 당황합니다. 그러면서 그저 그 순간을 얼버무리기 위해 겉도는 대화만을 하거나, 심지어는 명령형 대화법으로 돌아가는 경우가 적지 않습니다. 민감한 대화는 피하고 싶고, 그러면서도 문제는 해결하고 싶은 조급함이 낳는 안타까운 결과들입니다.

이럴 때는 직면하는 대화법이 필요합니다. 문제가 생겼을 때는 회피해서도 안 되고, 건너뛰어서도 안 됩니다. 자녀가 제안한 '자퇴'라는 충격에 대해서 평가하고 판단하는 것이 아니라, 문제 상황을 함께 바라보면서 문제를 해결하기 위해서 이야기를 나누고 협력해야 합니다.

위의 대화를 직면하는 대화법으로 바꿔 보겠습니다.

> 학교 가기 싫어요.

왜?

> 재미도 없고, 모든 게 시시해요.

어떤 점이 재미없고 시시하게 느껴져?

> 매일 똑같아. 교과서만 보는 것이 심심하고 재미없어.

> 나, 자퇴하면 안 될까?

학교를 자퇴하겠다고? 그 정도로 학교생활이 힘들었던 거야?

....

미안해. 그렇게 힘든 줄은 몰랐구나. 어떻게 하면 좋을지 우선 이야기부터 좀 해 보자.

직면하는 대화법은 문제가 생겼을 때, 그 문제를 돌려 말하지 않고 직접 말하는 대화법입니다. 당사자가 문제를 회피하지 않고 해결하기 위해 탐구하도록 돕기 위한 문제 해결형 대화법입니다. 사춘기 청소년에게 이제 더는 어린아이가 아니라 스스로 자기 결정에 대한 책임을 감당할 수 있는 시기라는 점을 공유하고 존중하면서 부모의 입장을 솔직하고 정중하게 표현하는 열린 대화법입니다.

사춘기 청소년에게는 사실을 곧이곧대로 받아들이는 경향이 있기 때문에 솔직한 대화를 하지 않고 비유법(은유, 직유)을 사용하여 말하면 제대로 이해하기 어렵습니다. 문제가 생겼을 때도 직접 사실을 말하지 않고 돌려서 말하면 자신이 배제당하고 놀림을 받았다고 생각할 수도 있습니다. 또는 부모가 모든 문제를 다 알고 있으면서 '실토하고 반성하라'는 식으로 자신을 압박하고 있다고 오해하고 저항감을 가질 수도 있습니다.

직면하는 대화법으로 대화할 때는 다음 세 가지 사실을 유의해야 합니다.

첫째, 사실 그대로 말하고 묻는 솔직한 태도가 필요합니다. 그렇다고 다그치듯이 문책하거나, '모든 것을 알고 있으니 순순하게 털어놓으라'는 태도로 취조하듯 말해서도 안 됩니다. 담담하고 솔직하게 사실을 말하고 의견을 듣는 방식으로 진행해야 합니다. 이때, 아이가 좀 당황스러워하면 차를 권하거나 음료를 준비하면서 여유를 갖고 대화를 이어 가는 것이 좋습니다.

둘째, 화내지 않고 친절하게 말하는 것이 중요합니다. 혼내거나 비난하는 것이 아니라 걱정하고 있으며, 미워하는 것이 아니라 사랑하고 있다는 사실을 공유할 때 마음을 열고 대화가 이루어질 수 있습니다. 이러한 마음이 잘 공유될 수 있도록 부모는 차분한 태도와 목소리로 말해야 합니다.

셋째, "어서 와", "잘 다녀오렴", "사랑한다", "고맙다" 등 일상생활에서 관심과 애정을 직접 표현하고 환대하는 대화도 서로의 신뢰감을 형성하는 직면하는 대화법이라고 할 수 있습니다. 아침이면 현관문을 나설 때 열렬히 환송해 주고, 일과를 마치고 아이를 만날 때도 "오늘 뭘 배웠니?", "시험은 잘 봤어?" 같이 성과를 확인하는 말만 하기보다는 반갑게 서로 환영해 주는 '일상생활에서 환대하기'를 실천할 것을 권합니다.

사춘기 청소년은 감정의 기복이 심하고 자기 자신을 세상의 중심으로 생각하는 경향이 있기 때문에 다른 사람이 자신을 대하는 태도에 매우 예민하게 반응합니다. 날마다 환대하기를 통해서 '너는 존재 자체로 소중한 사람이라는 사실', '항상 사랑하고 너의 안전을 염려한다는 사실'을 느낄 수 있고 일상생활에서 작은 기쁨과 신뢰를 형성할 수 있습니다. 언제나 자신이 존재 그 자체로 환대받는 경험을 통해서 존재감이 높아지고, 열린 마음으로 자신의 이야기를 할 수 있는 기본적인 신뢰 관계가 형성됩니다.

문제를 돌려서 말하지 않고 직접 말하는 대화법이 필요합니다. 해결 방법을 다그치거나 책임을 추궁하고 혼내는 방식이 아니라, 부모가 함께 문제 상황을 직면하고 협력하여 해결하겠다는 태도가 중요합니다. 그 과정에서 자녀는 문제 해결 능력을 배우고 성장할 수 있습니다. 또한 '일상생활에서 환대하기'와 '고맙다. 소중하다. 사랑한다' 등 마음을 솔직하게 직접 표현하는 대화는 서로 간의 애정을 깊게 내면화하고 신뢰감을 높여 줍니다.

일상생활에서 환대하기

"환영합니다."

"반갑습니다."

사람은 환대를 받을 때 자신이 중요한 사람이라는 사실을 느끼고 직면하게 됩니다. 사회에서도 중요한 역할을 맡은 사람이 나타나면 모두 박수를 치면서 환영하고 인사말을 들어줍니다. 그리고 그가 자리를 떠날 때면 또 열렬하게 환송합니다. 환영과 환송을 주고받는 동안 사람들은 항상 환하게 웃고 있습니다. 서로를 응원해 주면서 즐거움을 느끼고 존재감이 높아지는 것입니다.

반대로 일상생활에서 자신이 들어올 때나 나갈 때 아무도 환영이나 환송의 반응을 보이지 않는다면 자존감에 큰 상처를 받습니다. 오거나 말거나 신경을 쓰지 않는 건 상대방의 자존감을 낮추는 나쁜 방법 중 하나입니다. 사람들은 자신이 '환대받는 존재가 아니다'는 느낌을 받으면 마음이 불안해지고 다른 사람의 눈치를 보게 됩니다. 특히 본인이 사랑하고 중요하게 여기는 사람에게 환대받지 못하는 상황이 반복되면 자존감에 치명적인 손실을 받습니다.

가정에서도 마찬가지입니다. 현관에서 "다녀왔습니다"라고 말해도 아무도 나와 보거나 신경을 쓰지 않고 자기 하고 싶은 일만 하는 분위기가 계속되면 나중에는 초인종도 안 누르고 번호키 눌러서 조용히 들어옵니다. 그러면 "언제 들어왔어?", "한참 됐어"라는 건조한 말만 주고받을 수 있을 뿐입니다.

자존감은 다른 사람과의 관계를 통해서 '자신의 존재 자체가 귀하고 중요한 사람이라는 생각'을 지속적으로 반복할 때 형성 됩니다. 사람들은 가정과 학교, 일터에서 중요한 사람으로 존 중받으며 생활할 때 자존감이 높아집니다. 가정에서의 '환대하 기'를 일상적으로 실천하면, 가족들의 자존감을 유지시켜 주고 생활에 활력을 줄 수 있습니다.

'환대하기'는 집에서 바깥세상으로 나가 무사히 돌아오는 것 이 가장 중요하다는 메시지를 주고 자신이 정말 소중한 사람 이라는 사실을 느끼게 해 줍니다. 이것만 서로 반복되어도 일 상생활에서 즐거운 리듬이 생기고 가족 간의 자존감이 높아질 수 있습니다.

일의 성과 여부를 묻는 것보다 중요한 것은 들어오는 사람 자체를 환영하는 것입니다. 그러니 환영과 환송의 시간에는 "시험은 잘 봤느냐?" 또는 "열심히 공부해라", "준비물 잘 챙겼 는지 점검해라" 등등 일과 관련한 이야기는 하지 않는 편이 좋습니다. 오직 무사히 돌아왔다는 사실, 그리고 잘 다녀오기를 바라는 마음에만 집중하여 환송하거나 환영하는 것입니다.

첫째 아이가 고등학생 때 일입니다. 평상시처럼 환대를 주고받는데 아이의 대답이 새롭습니다. 아이는 신발을 신고, 가방을 들고서 내 얼굴을 깊게 들여다보더니 이렇게 말을 꺼냈습니다.

> 엄마~

> 응.

> 그렇게도 제가 좋으세요?

바로 이런 마음이 중요합니다. '나를 너무 좋아하는구나. 나를 너무나 소중하게 대해 주는구나' 하는 점을 일상생활에서 느낄 수 있어야 솔직한 대화가 가능한 관계가 되는 것입니다.

> 그럼. 우리 ○○이가 세상에서 제일 좋지.

아이는 한심하다는 듯이 한숨을 쉬더니 작은 소리로 말했습니다.

이 몸이 잘 살아야겠네.

그래 네가 소중한 것처럼 네가 만나는 친구도 너처럼….

예 잘 알겠습니다.

환대하기를 실천한 부모들의 이야기

저는 부모 연수에서 환대하기를 강조합니다. 숙제까지 내어
드리고 다음 날 연수에서 확인하기도 합니다. 몇 가지 부모님
들의 사례를 소개합니다.

사례 1

"우리 집 애들은 양심이 없어요."

"왜요?"

"내가 날마다 그렇게 환대를 해 주었는데, 어느 날 내가 늦게
들어왔더니 각자 자기 방에서 나오지도 않고 전혀 환대를 안
해 주는 거예요. 좀 섭섭하더라고요."

"충분히 이해가 갑니다. 사람은 옳다고 생각해도 생활에서
익숙해지지 않으면 행동으로 바뀌기 어렵더라고요. 그럴 때는
방마다 다니면서 '내가 왔어. 하루 동안 잘 지냈어?'라고 적극

적으로 말해 주고 토닥거려 주면 됩니다. 가족들의 양심을 믿으시고요. 환송하고 환영하는 것이 생활에서 익숙해지면 변화가 일어날 것입니다.”

사례 2

“저는 아이가 어렸을 때부터 정말 적극적으로 환대하기를 실천했답니다. 그런데 집에 들어와서 열렬히 환영해 주면 어렸을 때는 환하게 웃고 좋아하던 아이가 사춘기 무렵부터는 현관에서 환영하며 맞이해 주는 나 자신이 민망할 정도로 눈도 안 맞추고 도망가는 것입니다. 어떨 때는 다녀왔다는 말도 없이 조용히 집에 들어와서 자기 방으로 들어가서 문을 잠그기도 하더라고요. 그럴 때는 눈물나게 속상하고 섭섭하기도 했어요.

그래도 의연하게 계속 아이가 들어오면 적극 환영해 주고 나갈 때는 열렬히 환송해 주었습니다. 이런 환대하기를 저 혼자 하더라도 안 하는 것보다는 집안 분위기가 낫다고 생각해서 계속했지요. 어느덧 아이가 사춘기를 지나고 제법 컸다는 생각이 들었는데요. 아이가 외출하기 전에 제가 안 보이면 방마다 찾아다니더라고요.

한번은 화장실에 있는데, 아이가 일부러 문을 두드리면서

'나 나간다고요~'라고 소리쳐서 놀라기도 하고 웃음이 나왔어요. 화장실에서 큰소리로 외쳤어요. '그래 잘 갔다 와! 나간다고 말해 줘서 고마워. 사랑해~'라고요. 사춘기가 되면 부모가 만들어 놓은 규칙을 일부러 무시하려는 경향이 있는데, 사춘기 동안에도 한결같이 반갑게 대해 주고 기다려 주고 자신을 환대한다는 사실을 알게 되면서 아이가 점점 자라면서 더 부모의 사랑을 느끼게 되고 받아들이는 것 같습니다.

이제는 아이가 사춘기를 지나 성인이 되었는데, 제가 외출하고 늦어지면 '언제 와요?'라는 톡을 보내기도 하고, 현관까지 나와서 적극 환영해 준답니다."

너처럼 모든 사람과 생명은 소중하다

네가 친구를 놀렸다고 하던데.

억울해요. 함께 놀다가 장난으로 그런 건데….

내일 가서 사과하렴.

제가 무슨 폭력을 한 것도 아니잖아요.

친구 입장에서 생각해 보면 다르게 보일 거야.

내일 만나서 사과하겠다고 약속해.

자신보다 약한 사람을 괴롭히거나 친구를 놀리는 행동에 대해서는 단호하고 직접적인 언어로 직면하는 대화법을 사용할 필요가 있습니다. 사춘기 아이들은 폭력에 대한 이해의 범위가 그리 넓지 않습니다. 그래서 물리적으로 직접적인 폭력만을 폭력으로 생각하고 자신의 말과 행동이 끼치는 섬세한 상처에 대해서는 신경 쓰지 않고 지나치는 경향이 있습니다. 그리고 자신의 행동에 대하여 상대방의 입장을 고려해서 판단하기보다는 자신에게 나쁜 의도가 없었다면 떳떳하다고 생각하는 경향이 있습니다. 그래서 문제 행동을 정확하게 확인해 주고 아이와 깊게 이야기를 나누는 것이 좋습니다. 그렇지 않으면 자신이 어떤 잘못을 했는지 구체적으로 인지하지 못할 수 있습니다.

"우리 아이가 학교에서나 동네에서 다른 아이를 놀린다고 여러 차례 문제가 되었습니다. 우리 아이는 친구랑 친하게 지내고 싶어서 장난한 것이라고 하는데, 저는 아이가 못마땅합니다."

이럴 때 결코, '그 나이 때는 원래 그런 법이야'라고 생각하며 넘어가서는 안 됩니다. 어떻게 말해야 할지 모르겠다고, 더 크면 나아질지도 모르겠다며 회피해서는 안 됩니다. 오히려 이럴 때 필요한 것은 직면하는 대화법입니다. 상대방을 때리는 것도 폭력이고, 상대방이 싫어하는 행동을 일부러 하는 것도 폭력입니다. 다른 사람이 싫어하는 말이나 행동을 일부러 반복하는 것이 모두 폭력이란 사실을 아이에게 일깨워 줘야 합니다.

사람을 존중하고 생명을 귀하게 여기는 문제는 양보할 수 없는 중요한 문제입니다. 지금 당장 대화를 하여 문제를 해결하지 않으면 아이는 점점 커 갈수록 다른 사람들과 관계 맺기에 어려움을 느끼게 될 수 있습니다. 아이랑 약속을 잡고 문제가 되는 언어와 행동에 대해서 진지하게 이야기를 나누어야 합니다.

폭력이란 물리적으로 압력을 가하는 행동뿐 아니라 상대방이 싫어하는 말이나 몸짓, 손짓, 발짓, 눈짓 등 특정한 표현 행위를 일방적으로 반복하는 것도 폭력에 해당한다는 점을 반복하여 말해 주어야 합니다. 가족 간이나 친구 간에도 상대방이 싫어하는 행위를 반복하면 안 된다는 점도 분명히 얘기해 둡니다.

이 정도에 그치지 말고, 사람이나 동물 등 생명을 귀하게 여기는 문제에 대해서는 아이 자신의 소중함과 연결하여 가장 중요한 문제로 이야기해 주어야 합니다. 언제 어디서나 자신이 소중한 것처럼 다른 사람도 소중하다는 사실을 기억할 수 있도록 사람에 대한 존중과 생명에 대한 사랑을 귀에 못이 박히도록 강조해서 말해 주어야 합니다. 따라서 아이의 행동에서 구체적으로 문제가 되는 행동이 발생하면, 문제를 함께 직면하고, 해당하는 사람들에게 사과하는 것을 단호하고 정확하게 자녀에게 말해 주어야 합니다. 또한 자녀의 문제 행동에 대해서는 부모 자신도 자녀와 함께 사과할 수 있는 마음의 준비를 해야 합니다. 일상생활에서 만나는 사람들을 자신만큼이나 귀하게 존중하고 자신의 언행을 친절한 태도로 변화시키기 위한 대화는 일상생활에서 진행되어야 합니다.

아이가 욕을 합니다

"아이가 친구들끼리 있을 때 욕을 한다는 건 알고 있었지만, 부모 앞에서 욕을 하니 당황스럽습니다. 어떻게 해야 하나요?"

청소년이 부모 앞에서 욕을 하는 것은 부모를 향한 것이라기보다는 평소에 욕을 하던 습관이 몸에 배어 있다가 말하는 도중에 저절로 튀어나오는 경우가 대부분입니다. 이럴 때 단순히 "어디서 욕을 하냐?"라고 지적만 하거나, "부모 앞에서 욕을 하다니, 못됐구나"라고 비난하는 것으로는 아이가 욕하는 문제를 해결하기 어렵습니다. 습관을 바꾸는 문제는 일방적인 훈계와 약속으로는 쉽게 고쳐지지 않습니다. 오히려 아이가 자기 자신을 돌아볼 수 있도록 대화를 이어 가면서 이를 습관을 바꿀 수 있는 계기로 삼는 것이 좋습니다.

시작은 "너 지금 욕한 거야?"라는 의문형 대화로 시작하는 것이 좋습니다.

> 너 지금 욕한 거야?

엄마한테 한 것은 아니에요.

> 누구한테 그렇게 심한 욕을 하는 거야?

딱히 누구랄 것은 없지만 완전 짜증 나잖아요.

> 그럼 선생님한테 욕을 한 거야?

선생님이라기보다도 그 수업 시간이 거지 같다고요.

> 그래도 어떻게 그렇게 심한 욕을 할 수가 있어.

아 씨, 짜증 나! 나만 그런 것 아니라고요.

> 요즘 학교생활이 힘들구나. 무엇이 우리 ○○이를 이렇게 힘들게 할까?

아마 알려 줘도 절대 이해 못 할 거예요.

> 힘들다는 것은 알겠는데 욕을 해서 문제를 해결할 수는 없으니까, 어떤 문제가 있는지 차근차근 사연이나 살펴보자. 사랑해. 너의 모든 시간들이 소중하니까 무슨 일이 있었는지 이야기를 좀 해 봐. 엄마가 도울 수 있으면 도와줄게.

중요한 것은 아이에게 일방적으로 책임을 돌리지 않는 것입니다. 문제점을 확인하면서, 아이에게 불만이 있을 수 있다는 점을 인정해 줘야 합니다. 그러면서 불만을 표현할 때, 욕을 하는 것은 좋지 않다는 점을 스스로 깨달을 수 있도록 해 주는 것이 좋습니다.

사실 아이와 대화를 지속해 보면, 욕을 하게 되면 문제를 해결하기보다는 서로 감정적으로 얽히면서 싸우게 된다는 것, 욕을 하면서 본질을 회피하게 된다는 것 등을 아이도 잘 알고 있다는 걸 부모도 알아채게 됩니다. 아이도 욕하는 것이 좋지 않다는 사실을 알고 있습니다. 이런 문제에 대해서 부모와 이야기하는 시간을 갖는 것은 아이가 자신의 마음속 이야기를 나누는 연습을 하는 학습의 기회이기도 합니다.

대화를 지속하는 과정에서 부모가 언제나 아이를 사랑하고 부모의 가치관이나 체면보다 아이 자체가 소중하다는 사실을 이야기해 주면서 자신이 귀한 존재라는 사실을 강조해 주는 것이 좋습니다.

사례

다음은 제게 상담했었던 어느 어머니의 사례입니다. 그분도 아이가 사춘기에 욕을 많이 해서 너무 힘들었다고 합니다.

그래서 욕을 할 때마다 혼을 내도 효과가 없어서 언제 욕을 하는지 관찰하기 시작했습니다. 아이는 주로 게임을 할 때 욕을 했습니다. 모르는 상대방들이 심한 욕을 하니까 자신도 지지 않으려고 더 험한 욕설을 했습니다. 그래서 욕을 하는 상황에 대해 대화를 나눠 보았다고 합니다.

욕을 하면 상황이 조금이라도 나아지는지에 대해 물어보니 '뭐 욕을 해서 상황이 나아지는 것은 없고, 오히려 나쁘게 꼬이는 경우가 더 많다'는 대답이 돌아왔습니다. 어머니는 내친김에 아이와 더 대화를 나누어 보았습니다.

그런데 왜 제 욕에 그렇게 신경을 쓰냐고요.

너는 다른 사람이 너에게 욕을 하면 기분이 어때?

당연 기분이 안 좋지요.

바로 그런 점 때문이야. 욕은 사람을 기분 나쁘게 하고 화가 나게 하니까 불필요한 충돌이 일어날 수 있어서 그래. 욕을 자주 하면 욕이 습관이 되지 않겠어? 그러다 전혀 원하지 않는 상황에서 욕이 튀어나오면 다른 사람들이 너를 오해할까 봐 걱정하는 거야.

내가 뭐 상황 구분도 못하고 아무에게나 욕을 할까 봐 걱정하지 않아도 돼요. 저도 그 정도 분별은 할 줄 알아요.

우리 ○○이는 현명하니까 상황 판단을 잘할 거라고 믿어.

아이를 칭찬해 주면서 언제나 너를 사랑한다는 점을 확인해 주었습니다. 그런데 욕하는 상황에 관심을 갖고 상황에 대한 이야기를 나누고 나자, 지금까지 단순하게 욕하지 말라고 타이르던 때보다 욕이 줄어들었습니다. 그렇게 대화를 나누면서 사춘기 아이에게도 때로는 대화가 잘되는 면이 있다는 생각이 들었다고 합니다.

아이가 담배를 피우는 것 같아요

아이가 담배를 피운다는 사실을 알게 되면 부모들은 걱정합니다. 담배가 아이 건강에 끼치는 영향에 대해서도 고민되고, 아이가 함께 어울리는 친구들에 대해서도 근심이 앞섭니다. 어떻게 말하는 것이 좋을까요?

이리저리 말을 돌리고 떠보기보다는 아이에게 직접적으로 물어보는 것이 좋습니다. "○○야, 너 담배 하니?"라고요. 그리고 부모의 이러한 질문에 대해서 아이가 답변할 수 있는 두 가지 경우에 대한 대응을 사전에 준비해 두는 것이 좋습니다.

첫 번째는, "응!"이라고 곧바로 긍정하는 경우의 대화입니다.

이렇게 대답을 하는 경우에는 부모가 오히려 당황할 수 있습니다. 부모는 속으로 '아니, 뭘 잘했다고 냉큼 대답을 하나. 간이 부었구나. 아이 상태가 심각하구나'라는 고민을 할 수 있습니다. 그러니 다음에 이어 갈 말이 쉽게 떠오르지 않습니다.

"뭐 자랑이냐?"

"부끄러운 줄 모르고 뻔뻔하게 대답하는 것 좀 봐라!"

이런 비난의 말들만 떠오릅니다. 이러한 말들은 우리가 어린 시절에 어떤 잘못을 하고 그 잘못을 시인했을 때, 그 당시의 어른들에게서 자주 들었던 말이기도 합니다. 그러나 그렇게 반응하면 안 됩니다. 아이에게 다음과 같이 생각할 시간을 되돌려 주는 대화가 필요합니다.

> 어떻게 생각해?

월요?

> 청소년 시기에 담배 피우는 것에 대해서….

몸에 안 좋다는 것은 저도 알아요.

> 나도 그런 점 때문에 걱정을 하고 있어. 네 생각에는 어떻게 하면 좋겠어?

제가 알아서 할게요.

> 어떤 방식으로?

이렇게 부모가 돕겠다는 의사도 밝히고 함께 해결 방법을 찾아 나가는 것이 좋습니다. 나는 그런 꼴 못 본다고 혼내고 다그치는 일은 여러 차례의 노력이 쌓이는 과정에서 쓸 수 있는 방법 중 하나일 수 있습니다. 그래도 처음에는 대화를 통해서 스스로 생각하고 문제를 해결하는 것이 부모가 없는 공간에서도 스스로 문제를 해결할 수 있는 힘을 기르는 과정입니다.

두 번째는, "아니에요"라고 발뺌을 하는 경우의 대화입니다.

속으로 '어디서 거짓말을 하나. 뻔한 거짓말을 하다니 참 걱정이다. 내가 다 알고 있어, 솔직한 태도를 보여라'라는 생각을 하게 됩니다. 그리고 이 경우 역시 그다음 말을 이어가기가 쉽지 않습니다. 이럴 때는 즉각 해결을 찾으려고 하기보다는 후일을 기약하고 시간을 갖는 것이 좋습니다. 이번에도 예시를 들어 보겠습니다.

정말이야?

안 핀다고요. 몇 번을 말해야 해요.

아니길 바란다. 너의 몸은 소중하니까.

네가 알아서 몸에 안 좋은 것은 금했으면 좋겠구나.

제가 알아서 할게요.

뭘?

뭐든지요.

알아서 할 수 있으면 좋지. 그것이 쉽지는 않으니까 도와주고 싶어서 물어보는 거야. 도움이 필요하면 언제든지 말해 주렴. 금연을 위한 여러 가지 방법들이 있더라고….

이렇게 이야기를 시작합니다. 직면하여 말하기와 의문형으로 말하기를 병행하여 진행하는 대화 방식입니다. 공격적인 인상을 주지 않기 위해서는 솔직한 언어를 사용하지만 부드럽게 말하는 것이 필요합니다.

그리고 문제에 대해서 어떻게 생각하는지, 문제를 해결하기 위해서 어떤 노력을 했는지를 묻고 경청하면서 문제를 해결하기 위해서 함께 의논하고 구체적으로 노력하는 것이 중요합니다.

금연은 쉽지 않은 일입니다. 그러나 부모가 아이를 비난하거나 책망하지 않고 전문가의 도움을 받아 지속적으로 함께 노력한다면 반드시 변화할 수 있습니다. 물론 이 과정에서도 아이가 얼마나 소중한 존재이며, 앞으로도 많은 시간을 건강하게 살고 해야 할 일들도 많다는 점을 말해 주면서 애정과 관심을 적극적으로 표현해 주는 노력이 필요합니다.

· 03 ·

사실 중심 대화법

사실 중심 대화법은 문제가 된 사실에 집중해서 말하는 대화법입니다. 아이의 태도를 비난하거나 평소에 누적되어 있던 아이에 대한 불만을 쏟아내지 않고 문제를 통해서 알게 된 사실과 걱정하는 부모의 심정에만 집중하여 대화하는 것입니다. 사실이 아니라 태도나, 과거의 실수, 미래에 대한 나쁜 추측 등을 말하면 사춘기 청소년은 자신이 공격받았다고 생각하고 부모를 향해서 공격적인 말과 태도로 반격하는 경향이 있습니다. 사실 중심 대화법은 아이와 아이의 나쁜 행동을 구분해서 진행합니다. 문제 행동을 객관적으로 바라보고, 자녀를 걱정하는 부모의 마음을 표현하는 대화법입니다.

시험 기간에 친구랑 이야기하느라 밤늦게 들어온 아이와 대화하는 경우를 살펴보겠습니다.

지금이 몇 시냐?

친구랑 이야기 좀 하다가….

잘한다. 시험이 코앞인데 이 시간까지 친구랑 이야기나 하고….

….

늦으면 늦는다고 전화라도 해야지. 부모가 걱정하는 것은 안 중에도 없어요.

이쯤 되면 아이는 부모를 노려보다가 자기 방문을 "쾅!" 닫고 들어가고 맙니다. 부모가 자신을 걱정했다는 생각보다 자신이 부모로부터 비난과 공격을 받았다는 생각이 더 앞선 것입니다.

위에서 부모는 아이가 늦어서 여러 가지로 걱정을 하고 있었습니다. 그러면 '연락이 없이 늦어서 걱정했다는 사실'에 집중해서 말하는 것이 중요합니다. 아이가 친구랑 이야기한 점을 비난하고, 아이를 부모의 걱정에 대해서 신경 쓰지 않는 사람으로 규정하는 것은 효과적인 대화라고 보기 어렵습니다.

이를 사실 중심 대화로 바꿔 보겠습니다. ① 아이가 말한 내용이나 부모가 질문하고 관찰하여 알게 된 사실을 확인합니다. ② 그런 일로 생겨난 부모의 감정이나 느낌을 말합니다.
③ 아이가 앞으로 어떻게 해 줬으면 좋겠는지 희망 사항을 간
단히 말합니다.

많이 늦었구나.

친구랑 이야기 좀 하다가….

① 친구랑 있었구나. ② 전화도 없이 늦어서 걱정했단다.

죄송해요. 일찍 오려고 했는데….

③ 늦으면 꼭 문자라도 보내 줘. ○○이의 안전이 가장 중요
하고 걱정되니까. 그리고 친구랑 이야기는 잘되었어? 시험
도 며칠 안 남았는데, 우선 마음이 편해야 공부가 되겠지.

차차 해결하고 이제 시험공부 해야죠.

사춘기 청소년의 마음은 불안하기 짝이 없습니다. 문제를
조리 있게 설명하는 능력도 아직 미숙하고, 말하는 동안에도
감정에 따라 목소리, 표정, 몸짓이 다양하게 변합니다.

사춘기 청소년은 자신이 잘못을 저질렀을 경우 어렴풋하게
나마 자기 잘못을 인식하고 있는 경우가 대부분입니다. 그럴
때 잘못한 내용 이전에 태도에 대한 비난이나 지적을 하면 잘

못을 인정하기보다는, 태도와 함께 잘못까지 방어하기 시작합니다.

어떤 문제가 생겼을 때, 아이를 따끔하게 혼내고 책임을 추궁하는 것보다 중요한 것은 아이를 돕는 것입니다. 사실 중심 대화법은 아이를 사랑하고 돕고 싶어 하는 부모의 마음을 잘 표현하기 위한 대화법입니다.

말하는 태도를 비난하거나 책임을 추궁하기보다는 문제가 되는 사실과 부모가 표현하고 싶은 마음이나 말의 내용에 집중하세요. ① 아이가 말한 내용이나 부모가 질문하고 관찰하여 알게 된 사실을 확인합니다. ② 그런 일로 생겨난 부모의 감정이나 느낌을 말합니다. ③ 아이가 앞으로 어떻게 해 줬으면 좋겠는지 희망 사항을 간단히 말합니다.

양심이 없다고요?

여러 차례 학원에 가지 않은 사실을 알게 된 부모가 사춘기 자녀에게 문제를 제기하는 경우의 대화를 살펴보겠습니다.

너 오늘 또 학원 빼먹었더라.

….

벌써 몇 번째야.

죄송합니다. 사실은….

지난번에 그렇게 약속을 했으면 지켜야지. 어째 사람이 양심이 없어?

양심이 없다고요?

내가 모를 줄 알았지?

그게 아니라고요!

잘못했으면 반성을 해야지. 방귀 뀐 놈이 성낸다더니 어디서 소리를 질러?

사춘기 청소년이 학원을 가겠다고 약속하고 학원을 빼먹고 가지 않아서 부모로부터 혼나는 경우는 가끔 일어날 수 있는 문제입니다. 보통 잘못된 행동이 드러난 대화의 경우에 사춘기 청소년은 처음 대화를 시작할 때는 반성적인 태도를 보이는 경향이 있습니다. 그런데 대화를 시작할 때는 반성적인 태도를 보였던 아이가 '양심이 없다'고 인격 문제로 비약해서 말하는 부모의 대화 방식에서는 상처를 받으며 엇나갈 수 있습니다.

아이가 잘못된 행동에 대해서 문제를 제기할 때는 잘못된 행동을 중심으로 대화하는 것이 좋습니다. 비난하거나 인격을 비하하는 말을 해서는 안 됩니다. 또는 '앞날이 걱정된다'거나 '너에게 기대를 걸었던 내가 잘못이다'라는 식의 말을 하면서 아이의 미래를 나쁜 방향으로 예측하는 말을 해서도 안 됩니다.

오히려 이런 기회에 아이가 어떤 고민을 하고 있는지, 어떤 어려움이 있었는지 물어보고 사실에 의거해서 다음에 진행할 일들을 의논하는 것이 좋습니다.

사실 중심 대화법으로 바꿔 보겠습니다.

> 오늘 학원에서 전화 왔어. 네가 여러 날 결석했다고 하더라.

….

무슨 일이 있었던 거야?

죄송합니다. 사실은….

① 그런 일이 있었구나. ② 말해 줘서 고마워. ③ 다음부터는 미리 이야기를 해 주면 더 좋겠어. 그런데 학원에서 배우는 내용이 재미는 있어?

그 점에 대해서도 이야기를 했으면 좋겠어요.

공부는 네가 선택하는 것이니까 네 생각이 정리되면 함께 의논해 보자.

알겠어요.

그럼 내일은 어떻게 할 거야?

일단은 다니면서 생각할게요.

아이의 잘못에 대해서 부모가 짐작이나 추측, 예단을 하는 것보다 아이에게 직접 물어보는 편이 좋습니다. 어떤 문제가 생겼을 때 아이를 따끔하게 혼내는 것보다 중요한 것은 아이를 잘 돕는 것입니다. 부모가 마음을 열고 아이가 자기 생각과 고민을 말할 수 있는 시간을 갖는 것이 아이가 잘 성장하도록 돕는 가장 좋은 방법입니다.

태도와 사실을 구분하라

주말에 가족이 아침 식사를 함께하고 싶은 마음으로 사춘기 청소년을 깨우는 과정에서 일어날 수 있는 대화를 살펴보겠습니다.

> ○○아 밥 먹자.

> 주말이잖아요. 더 잘래요.

> 아이고 주말이라고 맨날 늦잠만 자고 가족이랑 밥 한 번을 제대로 먹는 법이 없구나.

> 절 좀 내버려 주세요. 그리고, 맨날 늦잠 자는 건 아니거든요?

> 아휴, 저 말하는 태도 좀 봐라. 뭘 그리 잘했다고 꼬박꼬박 말 대답이야?

> 어쩌라고요.

주말에 아침밥을 같이 먹자는 대화가 점점 어긋납니다. 이 정도까지 가면 이제 아이는 "짜증 나"를 연발하면서 엇나가기 시작합니다. 대화의 화제가 아침밥을 함께 먹자는 제안에서 아이의 태도에 대한 문제 제기로 옮겨 갔기 때문입니다. 대화에서 중요한 내용을 중심에 두고 진행하는 것이 필요합니다.

〇〇아 밥 먹자.

주말이잖아요. 더 잘래요.

① 더 자고 싶어? ② 그런데, 주말이니까 우리 가족이 함께 아침밥을 먹었으면 좋겠어. 몇 시쯤 가능할까?

아, 그냥 저 빼고 먹으면 안 돼요?

〇〇이 없으면 무슨 재미야. 우리가 좀 기다려 줄 테니 함께 먹자. 지금 8시 30분인데 몇 시에 가능해?

두 시간 더 자고 나가도 되나요?

좋아. ③ 〇〇이가 30분만 양보해서 10시에 먹기로 하면 어때? 일단 쉬고, 10시 10분 전에 깨워 줄게.

알았어요.

아이와 이야기할 때는 사실을 중심으로 말하고, 아이의 인격이나 태도의 문제로 확대하지 않는 것이 중요합니다. 사실을 중심으로 상황을 인정하는 대화를 하게 되면 듣는 사람의 감정은 누그러집니다. 자신이 공격받았다는 느낌보다는 상대방에게 호의적인 감정을 가지고 상대방의 말을 받아들이게 되기 때문입니다.

양아치라니요?

사춘기 청소년은 옷이나 머리 모양으로 자신의 개성을 표현하려는 경향이 있습니다. 청소년의 이런 취향은 대체로 어른들과 달라서 충돌이 일어나는 경우가 있습니다. 친척들과의 모임을 마친 후의 대화를 예로 들어 보겠습니다.

> 와~ 할아버지 쩔어요.

할아버지께 무슨 말버릇이야?

> 나한테 양아치라고 하잖아요.

언제 양아치라고 했어. 양아치같이 찢어진 옷을 입고 다닌다고 엄마한테 옷 좀 사 주라고 그러셨잖아.

> 그게 그거지 뭐예요.

내가 처음부터 그 옷 안 된다고 했잖아. 엄마가 할아버지께 죄송하다고 대신 사과드렸어.

할아버지께서도 미안하다고 하시더라.

맞아, 나중에 저에게도 사과하셨어요.

다음부터는 말 좀 들어라. 친척들 모두 있는 데서 부모 망신
주지 말고….

으휴~ 엄마도 할아버지랑 똑같아요.

뭐라고? 그게 무슨 태도야?

　사춘기 청소년은 문제가 된 말과 행동을 넘어서 태도나 복
장 등의 문제로 확대되면 매우 공격적인 태도를 취하는 경향
이 있습니다. 자신의 자존심에 상처를 받았다고 생각하기 때
문입니다. 그들은 '있는 그대로 자신을 인정해 달라'는 이야기
를 자주 합니다. 여기에는 자신이 일으키는 문제를 자신의 인
격 전체로 확대하지 않기를 바라는 마음이 있습니다. 이런 경
우에는 부모도 자녀를 비난하기보다는 한 박자를 참고 희망
사항을 솔직하게 이야기하는 것이 필요합니다. 사실 중심 대
화로 바꿔 보겠습니다.

와~ 할아버지 쩔어요.

왜?

나한테 양아치라고 했잖아요.

① 네가 양아치라는 것은 아니고. 양아치같이 찢어진 옷을 입고 다닌다고 엄마한테 옷 좀 사 주라고 그러셨잖아.

그게 그거지 뭐예요.

② 어른들 입장에서는 그런 말씀 하실 수 있다고 생각해. 엄마가 우리 ○○이가 취향이 특별하다고 말씀드렸더니, 너랑 화해하려면 어떻게 해야 하냐고 물으시더라. 사과하시라고 했지.

맞아, 나중에 사과도 하셨어요.

③ 어른들하고는 살아가는 시대가 다르니까 너도 이해하렴.

태도보다 말의 내용에 집중하세요

제가 중학교에서 담임을 할 때 일입니다. 지역 문화 예술 센터에서 청소년 뮤지컬 연수 모집을 한다는 공문을 보고 평소 뮤지컬에 관심이 많은 우리 반 학생을 불렀습니다.

저 부르셨어요?

어서 와, 반갑네.

예 안녕하세요.

근데, 너 왜 그래?

뭐가요?

너 지금 그 태도가 뭐야?

빨리 얘기하세요. 저도 바쁜 사람이에요.

??

그날따라 아이는 짜증을 내며 빨리 말을 끝내 달라고 재촉을 했고, 나는 아이의 건들거리는 태도가 거슬렸습니다.

아. 근데 저를 왜 보자고 하셨냐고요.

참 그렇지. 사실은….

말을 시작하려는데 점심시간 종료를 알리는 종이 울렸습니다. 아이는 고개를 까딱하더니 나가 버렸습니다.

그날 바쁜 일을 하느라고 아이를 다시 부르지 못하고 저녁에야 아이와 통화하였습니다. 부모님 승낙서 등 준비할 서류

파일도 보내 주고 주의 사항도 알려 주었습니다. 아이의 태도와 복장에 관심을 두느라 정작 아이와 대화에 집중할 수 있는 귀한 시간을 놓치고 늦게야 전화로 본론을 이야기할 수 있었습니다. 아이랑 직접 이야기했더라면 기뻐하는 아이 모습을 보면서 이야기를 나누는 즐거운 시간을 보낼 수 있었을 텐데 말입니다.

사춘기 청소년은 옷차림과 머리 모양으로 청소년의 생각이나 가치관을 판단하는 사람들을 만나면 매우 낯설어하고 경계합니다. 따라서 아이와 말을 할 때는 아이가 말하고 있다는 사실에 중점을 두고 아이의 눈을 바라보며 대화하는 것이 좋습니다. 당연히 말의 내용보다 태도에 더 중점을 두고 이를 지적해서도 안 됩니다.

사춘기 청소년은 대체로 종합적인 판단을 하면서 이야기하기보다는 자신이 중요하다고 생각한 내용을 중심으로 말합니다. 그리고 적극적이고 생생한 감정을 표현하면서 감정을 중심으로 말하는 경향이 있습니다. 사춘기 청소년이 말할 때는 감정에 따라서 목소리와 표정, 몸짓이 다양하게 변화합니다. 손을 불안정하게 만지작거리고 발을 흔들거리고 어깨를 삐딱하게 기울이면서 말하기도 합니다. 이런 태도들은 어른들의 마음을 불편하게 만들기도 합니다.

말의 내용보다 태도를 중요하게 보는 사람들은 청소년과 본질적인 대화를 시작하기도 전에 "복장이 왜 그러냐?", "태도가 그게 뭐냐"라고 다그치기 쉽습니다. 청소년은 어른들에게 복장이나 태도에 대해서 지적을 받으면 개인적인 취향에 대한 간섭으로 받아들이기 때문에 "왜요?", "어쩌라고요" 하는 반응을 보입니다. 그러면 제대로 된 대화는 더욱 요원해집니다. 일단은 문제와 사실을 중심으로 대화하고 태도는 나중에 서로 기분이 좋았을 때 잠깐 조언하는 정도로 그치는 것이 좋습니다.

2부

사춘기 자녀의
성장 특징을 고려한
대화법

사춘기를 긍정적으로 인식하고 성장을 지원하기 위해 부모가 알아야 할 사춘기의 특징을 세 가지 방향에서 살펴보고, 대화법과 사례를 적용해 보겠습니다.

첫 번째 특징은 사춘기는 '생각의 봄이 피어나는 시기'라는 점입니다. 봄이 오면 새싹들이 돋아나고 나뭇가지마다 새순들이 돋아나는 것처럼 사춘기에는 몸과 마음이 급격하게 변화하고 성장합니다. 생각의 발달은 새로운 질서와 관계를 만들어가는 방향으로 진행되기 때문에 사춘기에는 점점 더 자기 의견을 주장하기 시작하고 말이 많아집니다. 이전까지는 부모와 보호자의 의견에 토를 달지 않고 잘 따르던 아이들도 자기 주장을 하면서 도전과 변화를 시도하는 것입니다.

부모와 보호자 입장에서는 고분고분하던 아이가 말대답을 하고 이해할 수 없는 고집을 부리는 점이 힘들게 느껴질 수 있습니다. 그러나 이러한 모습을 성장을 위한 노력으로 본다면 더 많이 격려하고 응원하면서 사춘기 청소년과 더 깊은 신뢰 관계를 맺을 수 있습니다.

두 번째 특징은 모든 청소년은 '자신이 인생의 주인'이라고 생각한다는 점입니다. 사춘기 청소년은 부모의 도움이 필요하지 않은 것처럼 허세를 부리고 잘난 척을 하기도 합니다. 그러나 아직 부모의 보호가 필요하고 적극적으로 도움을 받으며 해결해야 할 일들이 많이 있습니다. 자녀를 언제나 사랑한다는 점, 자녀를 돕고 지원하기 위해서 항상 마음의 문을 열고 있다는 점을 부모나 보호자가 일상적인 대화를 통해서 확인해 주는 것이 필요합니다. 사춘기 청소년은 아동기를 지났지만 여전히 독립적으로 문제를 해결할 수 없는 시기이기 때문에 부모님의 지지와 사랑이 있어야만 제대로 문제를 해결하는 방법을 터득할 수 있습니다.

세 번째 특징은 '친구를 좋아한다는 점'입니다. 사춘기는 친구와 함께 놀고 배우면서 가족을 넘어서는 사회적 관계를 맺는 즐거움과 보람을 느끼는 시기입니다.

사춘기 청소년이 갖는 세 가지 특징은 서로 긴밀한 상호 작용을 통해서 청소년의 건강과 행복에 영향을 미칩니다. 여기에서는 사춘기 청소년의 세 가지 특징을 고려하여 대화하는 방법을 살펴보겠습니다.

사춘기는
생각의 봄이 피어나는 시기

"사춘기는, 생각 사, 봄 춘. 생각의 봄이 오는 시기래. 어린 시기를 벗어나서 몸과 마음이 많이 컸다는 의미를 담고 있어."

여러분은 사춘기라는 말을 들으면 어떤 생각이 드는지요? 과거에는 '질풍노도의 시기'라는 말로 사춘기를 자주 표현했습니다. 이성에 반하여 감성의 표출을 중시하는 18세기 독일의 문예 운동에서 따온 말입니다. 그 뒤에는 '반항기'라는 말도 적지 않게 쓰였습니다. 요즘에는 사춘기의 특징으로 '중2병'이라는 말을 종종 사용하곤 합니다. 어느 것이건 사춘기를 부정적인 관점으로 보는 단어들입니다.

지금도 사춘기 아이를 키우는 부모에게 '터지지 않도록 잘 관리하라'라고 조언하는 분들도 적지 않습니다. 매사에 감정적으로 자주 기울고, 갑자기 화를 내는가 하면, 돌연 말수가 적어지고 우울함에 빠져들기도 하는 사춘기의 특징을 터지기 쉬운 폭탄에 비유하여 충고하는 것이지요.

하지만 사춘기는 사람이라면 누구나 성장하는 동안 거쳐야 하는 시기입니다. 몹쓸 병이라도 걸린 것처럼 빨리 지나가기를 바라야 하는 시기가 아니고, 아무 일 없이 지나가기를 바라며 마냥 피하기만 해야 하는 시기도 아닙니다. 오히려 아이가 십 년이 넘는 세월을 살아 사춘기라는 변화와 성장의 시기를 맞이한 것은 축하해 주고 칭찬해 줄 만한 일입니다.

부모가 사춘기를 바라보는 태도는 이 시기 아이들의 성장에 큰 영향을 끼칩니다. 사춘기는 외면으로도 내면으로도 성장과 변화를 거듭하는 시기입니다. 만약 이 시기를 그저 혼란과 저항의 시기로 본다면, 부모는 충고와 질책을 섞어 가면서 자녀의 말과 행동을 통제하려 들겠지요. 하지만 이것은 '지금 똑바로 잡아 놓지 않으면 커서도 삐뚤어질지 모르니까'라는 부모의 불안감이 반영된 것에 불과합니다. 그러나 통제와 억압 속에서는 생각이 자라나지 않습니다.

하지만 사춘기를 혼란과 저항이 아닌 성장과 도약의 시기로 본다면 어떨까요? 자녀와 의견이 충돌해도, 자녀가 돌발적인 행동을 해도 부모는 충고와 질책이 아닌 대화를 시도할 겁니다. 아이에게 격려를 보내면서 아이가 처해 있는 환경을 개선

하기 위해서 노력하는 것입니다.

"우리 애가요. 자신이 사춘기라며 '함부로 건들지 말라'고 선전
포고를 하는 거예요. 그 말을 들을 때 어이가 없어서 말을 못 하
겠더라고요. 사춘기가 그렇게 유세 부릴 일인가요?"

이럴 때 혹시라도 아이에게 "네가 혼자 큰 거 아니다", "아직
다 클려면 멀었다", "어디서 유세를 부리냐"며 면박을 주시진
않았으면 좋겠습니다. 특히 "사춘기라서 반항하는 거냐?"라는
말은 결코 해서는 안 됩니다.

오히려 "사춘기 맞아, 많이 컸구나", "아무도 소중한 우리
○○이를 함부로 건들면 안 되지", "어릴 때부터 지금까지 항상
사랑스러웠다", "이렇게 건강하게 잘 자라 주어 고맙다"라고
긍정적이고 적극적인 애정을 담아서 말해 주는 것이 좋겠습
니다.

더구나 이렇게 자신의 성장을 아이가 스스로 말할 수 있다
는 것은 좋은 일입니다. 이럴 때는 아이의 성장을 중심으로 대
화를 이어 갈 수 있도록 좋은 방향으로 받아 주세요. 질문도 해
가면서 아이에게 말할 기회를 주고, 아이의 말을 잘 들어 주는
것도 중요합니다. 대화는 무시하거나 훈계하는 말만 아니라면

어떤 말이라도 좋습니다. 이어지는 대화 속에서 아이는 다른 사람의 말을 듣는 법, 질문하는 법과, 일상생활을 소재로 재미있게 대화하는 방법을 배울 수 있습니다.

저 사춘기예요. 함부로 건들지 마세요!

사춘기 맞아. 많이 컸구나. 대견해. 아무도 우리 ○○이를 함부로 건들면 안 되지. 앞으로는 중요한 집안일을 결정할 때도 너의 의견을 듣도록 노력할게.

사춘기(思春期)란 의미를 저는 생각 사(思)와 봄 춘(春)에 중점을 두어 '생각의 봄이 피어나는 시기'라고 풀이해 보았습니다. 강의 과정에서 이런 말씀을 드리니까 부모님들께서 모두 이쁘다고 하셨습니다. 저는 사춘기가 인간의 발달 과정에서 가장 아름다운 시기라고 생각합니다. 사춘기는 생각이 엄청나게 뻗어 나가고 연결되는 시기입니다. 그리고 그 생각의 대부분은 '내 인생의 주인은 나'라는 생각을 발전시켜 나가는 것입니다. 사춘기 청소년은 부모를 사랑하지만, 부모와 똑같은 사람이 되고 싶어 하지는 않습니다. 자신이 세상의 주인으로 살고 싶어 하며, 이 세상에서 주인으로 살기 위한 준비를 하는 시기라고 할 수 있습니다. 이 점을 이해하고 존중해야만 사춘기 청소년과 평화로운 대화가 가능합니다.

　무엇보다 중요한 건 감정의 변화와 굴곡에 일희일비하지 않고 차분하게 지켜보면서 의견을 들어 주는 것입니다. 긍정적이고 적극적인 방향으로 격려해 주면서 항상 고맙고 소중한 존재라는 사실을 말로 자주 표현해 주는 것이 필요합니다. 왜냐하면, 사춘기 청소년은 '자신이 더는 어린애가 아니다'라는 점을 인정받고 싶어 하지만, 동시에 지금도 어린 시절과 다름없이 사랑받고 있다는 점을 확인받고 싶어 하기 때문입니다.

생각의 봄이 피어나는 시기, 사춘기는 인간의 발달 과정에서 가장 아름다운 시기입니다. 사춘기라는 시기가 갖는 특징을 이해하고 사춘기 청소년이 잘 성장할 수 있도록 적극적으로 지원하면 좋겠습니다.

뇌세포 연결은 사춘기의 발달 과제

"잔소리를 많이 해서 힘들어요."
"몇 마디 꺼내지도 않았는데 잔소리라며 도망가네요."

사춘기 청소년과 부모님 사이에 자주 있는 일입니다. 사춘
기 청소년은 부모님과 대화를 하면 '잔소리를 많이 하셔서 힘
들다'고 말합니다. 반면 부모님들께서는 몇 마디 말만 해도 자
녀가 잔소리라고 손사래를 친다며 억울해합니다. 대체 누구의
말이 진실일까요? 그리고 왜 이런 차이가 생길까요? 저는 부모
님들께 다음과 같이 질문하고 싶습니다.

*"한 사람은 말을 하고, 다른 한 사람은 그 말을 듣고 있어요. 이
두 사람 중 지루함을 느끼는 사람은 어느 쪽일까요?"*
"말을 듣는 쪽이요."
"자녀와 교육적인 대화를 할 때, 누가 주로 말을 하는 쪽인가요?"
"부모들이지요."
"그러면 지루함을 느끼는 쪽은 누구일까요?"

같은 자리에서 대화를 나누고 나서도 아이와 부모는 다른

생각을 합니다. 부모는 자기가 잔소리를 하지 않았다고 하고, 아이는 자신이 잔소리를 듣고 있다고 생각합니다. 이러한 차이는 아이와 부모가 느끼는 시간에 대한 인식의 차이 때문입니다. 아이들은 부모의 말이 일 분을 넘기면 잔소리라고 생각하는 경향이 있으며, 부모들은 오 분쯤 말을 해야 '이제 겨우 할 말을 했다'고 생각하는 경향이 있습니다. 따라서 아무리 긴 훈계를 하더라도 그 효과는 일 분 이내의 말에서만 의미를 갖는다고 할 수 있습니다. 청소년이 훈계에 집중할 수 있는 시간이 일 분 정도이기 때문에, 일 분 이후에 한 말은 거의 잔소리로 느끼고 지루해 한다는 뜻입니다.

아래 그림은 뇌 신경 세포가 연결되는 모습을 표현하고 있습니다.

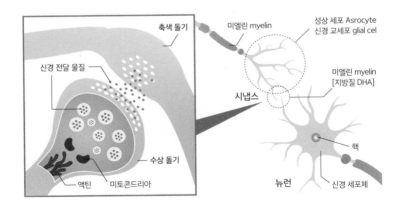

뇌에는 특유의 신경 세포(뉴런)가 있습니다. 인간의 생각과 느낌, 운동, 기분 등 다양한 경험들은 뇌의 신경 세포들이 서로 전기 신호를 보내며 만들어 내는 거대한 소통 구조라고 할 수 있습니다. 신경 세포들이 만나서 접촉이 일어나는 공간을 시냅스라고 하는데, 위의 그림처럼 시냅스는 뇌에서 행동이 일어나도록 연결하여 소통하고 전달하는 뇌의 역할을 구성하고 있습니다.[02] 그러므로, 신경 세포는 '1:1'의 연결이 이루어지는 것이 아닙니다. 뇌 신경 세포 하나는 다른 뇌세포와 만나서 수십 개, 수백 개의 시냅스 연결을 만들어 냅니다. '1:1'의 연결이 아니라 '수십:수십'의 연결이 진행되는 셈입니다. 인간의 뇌에 있는 약 천억 개 가량의 신경 세포들이 수천억 개, 수십조 개의 연결을 진행하면서 우리 청소년의 사고 능력을 빠르게 발달시키는 것입니다.

사춘기 청소년의 뇌는 매우 바쁩니다. 잠을 자는 동안에도 사춘기 청소년의 뇌에서는 쉴 새 없이 뇌세포들을 연결하는 일들이 진행된다고 합니다. 뇌세포들을 활발하게 연결하는 것이 청소년 시기에 해야 할 가장 중요한 발달 과제이기 때문입

---

02 프랜시스 잰슨·에이미 엘리스 넛, 김성훈 옮김, 《10대의 뇌》, 웅진지식하우스(2018), 73~76쪽.

니다. 앞에서 말했듯, 사춘기 청소년은 어른들의 훈계를 오랫동안 듣고 있는 것을 힘들어합니다. 그들이 어른들의 훈계를 잔소리로 느끼는 순간, 멍하니 다른 생각을 하면서 자신만의 뇌세포 연결에 집중하는 경우가 생길 수 있습니다.

그러니 훈계를 할 때는 말을 줄이는 것이 좋습니다. 이 얘기 저 얘기 하는 것보다는 현재의 문제점에 집중하여 이야기하세요. 과거에 잘못했던 기억을 시시콜콜 꺼내서 이야기하기보다는 지금 나타난 문제에 대해 사실과 부탁의 말을 짧게 하는 방식으로 가급적 일 분 내에 대화를 마무리하는 것이 좋습니다.

> 너 지금 내 말 듣고 있어?

네. 듣고 있는데요?

> 그런데 너 그 표정이 뭐냐?

아이 참~ 듣고 있다고요.

> 내가 무슨 말했는지 말해 봐.

헐….

훈계를 하다가 시간이 길어지면 일어날 수 있는 대화입니다. 아이가 훈계하는 말을 듣지 않고 멍 때리는 모습을 보입니다. 이런 때에도 그저 '내 대화가 길어져서 아이가 뇌세포 연결을 진행하고 있구나'라고 좋은 쪽으로 생각하고 대화를 마무리하는 아량이 필요합니다. 아이가 내 말에 집중하지 않다고 느꼈을 때 아이를 혼내기보다는 내 말이 길었다고 생각하고 "알았지?"라며 말을 끝내고 분위기를 전환하는 것입니다.

시간은 부모의 편입니다. 부모는 자녀를 위해서라면 언제든지 대화의 시간을 마련할 수 있기 때문입니다. 문제가 있어도 한 번에 끝내려고 하지 마시고, 하고 싶은 말을 짧게 끝내고, 다음에 이야기하면 됩니다. 부모가 자녀와 대화할 때는 조급한 태도로 닦달하는 것보다 자녀에 대한 믿음을 갖고 긴 안목으로 여유 있게 대화하는 것이 훨씬 효과적입니다.

치유력이 높은 사춘기의 뇌

사춘기 청소년은 치유력이 높습니다. 치유력이란 상처나 아픔을 원상태로 회복하는 능력입니다. 사춘기 청소년은 몸이 아플 때도 잘 치료하고 쉬면 회복이 빠릅니다. 정신적인 면에서도 치유력이 높습니다. 전날 부모에게 혼나서 눈물을 뚝뚝

흘렸다가도 다음 날이면 싹싹하게 웃으며 인사하는 측면이 있습니다. 그렇지 않은 경우더라도, 어른이 먼저 사과하거나 대화를 청하면 친절하고 호의적으로 대응하는 경향이 있습니다.

중학생들과 함께하는 동안 그런 현상을 자주 경험하기도 했습니다. 교사도 사람이라서 때로는 별것 아닌 일로 학생을 과하게 혼내는 경우가 있습니다. 그날도 사안에 비해서 과하게 혼냈다는 생각이 들어서 아침에 출근하자마자 해당 학생을 만나서 사과의 말을 건넸습니다.

> ○○아, 미안해. 어제는 내가 너를 지나치게 혼낸 것 같아….

> 어제 일을 지금까지 담아 놓고 그러세요. 저는 괜찮아요.

> ○○이 고마워.

> 예. 선생님 이제 가도 되죠?

> 그래, 사랑해.

사과의 말이 끝나기도 전에 활기찬 대답이 돌아옵니다. 집에서 부모님과 생활하는 동안에도 일어날 수 있는 상황입니다.

그런데 사춘기 청소년의 높은 치유력에 대한 이해가 부족한 어른들은 이들의 활기찬 태도만을 보고 '생각이 없다' 또는 '반성을 하지 않는다' 같은 여러 가지 오해를 할 수도 있습니다. 이러한 오해를 경험한 중학생들이 부모 연수에서 "꼭 이 말만은 부모님들께 강조해 주세요"라고 부탁한 것 중의 하나를 소개하겠습니다.

사춘기 청소년이 잘못을 저질러서 부모님에게 거실에서 혼나고 난 후, 곧바로 냉장고에 가서 음료수나 간식을 꺼내 들고 돌아서다가, '부모님의 표정을 보면서 당황하게 된다'는 것입니다. 부모님들은 화난 표정이거나 한심하기 그지없다는 표정이기 때문입니다.

아이가 생각하기에는 야단을 맞고 "알겠습니다"라고 대답했으니 모든 상황이 끝났다고 생각하고 행동한 것입니다. 그런데 부모님 생각에는 아직 상황이 끝나지 않았기 때문에 냉장고 문부터 여는 아이가 탐탁지 않은 것입니다.

"네가 사람이냐?"
"지금 먹을 게 입에 들어가냐?"
"어쩜 그렇게 생각이 없냐!"
"너 반성한 것 맞아?"

이런 말을 들었을 때, 청소년은 매우 억울하다고 합니다. 생각이 없는 것도 아니고 반성을 안 한 것도 아닙니다. '잘못했습니다' 또는 '알겠습니다'라고 말하고 돌아서는 순간 다른 활동으로 쉽게 전환할 수 있을 만큼 치유력이 높은 게 원인입니다. 이럴 때는 "어서 먹고 건강하게 자라렴" 하는 너그러운 마음으로 격려해 주시면 됩니다.

그리고 부모로부터 따끔하게 혼나고 난 뒤, 아이가 음료수를 들고 자기 방으로 가서 음악을 크게 틀어 놓거나 친구와 큰소리로 전화 통화를 하더라도 이해해 주시라는 말씀을 추가하고 싶습니다. 이런 경우에 쫓아가서 아이 방문을 두드리면서 조용히 하라고 말하거나, 또 다른 야단을 시작해서는 절대 안 됩니다. 아이가 부모를 약올리려 들거나 생각이 깊지 않아서 벌이는 행동이 아니라, 아이 스스로의 기분을 전환하기 위한 행동이기 때문입니다.

사춘기 청소년의 뇌는 성인의 뇌보다 활발하게 움직이기 때문에, 지루하고 울적한 상황에서는 스스로 기분을 전환하고 즐거움을 회복하기 위해서 여러모로 노력합니다. 부모님께 혼나고 나서 자기 방에 들어가서 음악을 크게 틀어 놓거나 큰소리로 친구와 통화하는 것도 부모에 대한 반항심보다 자신의 기분을 전환하고 회복하려는 의도에서 나온 행동이라는 점을 이해해 주시면 좋겠습니다. 사춘기 청소년에게 가장 중요한 발달 과제는 뇌세포를 연결하는 일입니다. 그리고 뇌세포의 연결은 기분이 즐겁고 편안할 때 더욱 활발해집니다.

사춘기, 가장 잘 배우는 시기

중학교에서 교사 5~6명과 중학교 1학년 학생 7~8명이 방과 후 일주일에 2회씩 강사 선생님을 모시고 함께 기타를 배운 적이 있었습니다. 교사와 학생 중 학습 진도가 빨랐던 쪽은 어느 쪽이었을까요?

한 달쯤 지나자 더 빠르게 배운 쪽은 중학생들이었습니다. 나중에는 중학생들이 교사들을 한 명씩 맡아 가르쳐 줄 수 있을 정도로 차이가 났습니다.

사춘기는 일생 중에서 뭔가를 가장 잘 배우는 시기입니다. 청소년은 마음을 먹기만 하면 제대로 빠르게 배워 냅니다. 특히 자신이 관심 있는 연예인의 노래와 춤을 매우 짧은 시간 안에 익혀 내고, 악기도 잘 배웁니다. 더욱 놀라운 일은 이때 배워 둔 것은 오랜 시간이 지난 후에도 그 기억과 재능이 내면화되어 있다가 필요할 때 빠르게 회복할 수 있는 능력을 갖고 있습니다.

사춘기의 뇌세포는 연결하고 연결합니다. 중요하다고 생각하고 심혈을 기울인 연결들은 매우 튼튼하게 연결하며 주변에서 반복적으로 강조하는 부분은 더욱 강하게 연결합니다. 사춘기 청소년은 본능적으로 즐거움을 추구하고 음악을 듣거나 몸을 흔들며 자신의 기분을 편안하고 즐거운 상태로 전환하기 위해 노력합니다. 이러한 기분 전환을 통해서 뇌세포 연결 활동이 적극적으로 진행될 수 있습니다.

사춘기 뇌의 신경 세포들은 다양한 분야에 관심을 갖고 보고, 듣고, 느끼고, 상상하면서 활발하게 연결되고 강화됩니다. 단순하고 반복적인 지식을 암기하는 것보다 자신이 움직이고 체험하는 과정에서 더 즐거움을 느끼고 생각을 확산하고 유능해집니다. 따라서 사춘기에는 공부의 범위를 더욱 넓혀 주어야 뇌의 신경 세포들이 더욱 확대되고 강화됩니다. 사춘기 청소년은 자신이 관심 있는 분야에 대해서 집중해서 탐구하고 새로운 기기나 현상에 대하여 강력한 호기심을 갖기도 합니다. 실제로 다양하고 복잡한 기능이 추가된 스마트폰이나 새로운 기구의 원리나 사용법에 대해서도 어른보다 빠르게 배우고 활용할 수 있습니다.

중국의 철학자 공자는 사춘기의 절정인 15세 시기를 '지학'이라 명명하여 잘 배우는 시기임을 강조하였습니다. 러시아의 교육심리학자 비고츠키는 15세를 '지적 혁명기'라고 부르며 지식과 배움의 전환기라는 사실을 강조하였습니다.

사춘기 청소년 뇌 발달의 과정에서 이성적인 판단을 하는 전두엽은 다른 영역보다 나중에 발달한다는 것이 지금까지 뇌과학에 의해 밝혀진 내용입니다. 전두엽이 종합적인 판단력과 집중적인 정보 처리 능력을 담당하고 있다고 본다면 사춘기의 뇌는 이성적인 판단보다 감정에 휩싸여 행동하기 쉬운 측면이 있다는 점을 고려해야 합니다. 사춘기의 뇌는 두정엽이 활발하게 발달하기 때문에 보고, 듣고, 느끼는 시각적인 경험과 청각적인 경험을 통해서 더욱 활발한 배움이 진행된다고 할 수 있습니다.

그런데 이렇게 활발하게 잘 배울 수 있는 능력은 심신의 건강을 해치는 부정적인 방향의 것들을 배울 때도 적용될 수 있습니다. 사춘기 청소년은 몸과 마음의 건강을 해치는 위험한 행동이나 술, 담배, 약물 등에 대한 거름 장치가 아직 약하기 때문에 잘못된 것들도 빠르게 학습하고 흡수할 수 있습니다. 그렇기 때문에 이러한 위험에 노출되지 않도록 부모와 보호자의 애정 어린 관찰과 돌봄, 지도가 필요합니다.[03]

---

03 프랜시스 잰슨·에이미 엘리스 넛, 김성훈 옮김, 《10대의 뇌》, 웅진지식하우스(2018), 152쪽.

특히, 술이나 약물 중독은 인간의 기억력을 약화시키고, 평상시의 자기 판단이 아니라 취하고 중독된 상태에서 행동하게 만들기 때문에 매우 위험하다는 사실을 평상시에 말해 주어야 합니다. 또한 청소년은 사회 문화적인 영향을 많이 받기 때문에 유해 환경과 유해 물질로부터 청소년을 보호할 수 있는 사회적 규칙이나 안전망을 마련하는 문제에 대한 부모의 관심이 필요합니다.

· 02 ·

내 인생의 주인은 나

'사춘기 청소년이 어떤 삶을 살기를 바라는지'에 대한 부모의 희망 사항을 모아서 살펴보았습니다.

> "할 말은 하며 살아가는 당당한 사람으로 살았으면 좋겠어요."
>
> "자기가 좋아하는 일을 하며 살고, 경제적으로도 너무 어렵게 살지 않았으면 합니다."
>
> "자신을 사랑하고 약한 사람을 도울 수 있는 인간적인 사람으로 살면 좋겠어요."
>
> "성실한 사람이요. 평범하면서도 주변 사람들과 즐겁게 살았으면 좋겠어요."
>
> "여행도 다니고, 넓은 세상을 경험하고 자신 있게 사는 사람이요."
>
> "우리 아이들의 미래요? 밥이나 제대로 먹고 살 수 있을지 걱정이 됩니다."

"어차피 아이한테 의지할 생각은 안 하니까요. 자기 삶을 책임지며 남에게 피해 안 주고 재미있게 살았으면 좋겠어요."

다양한 바람이지만, 어느 정도 공통점은 있습니다. 바로 자녀들이 스스로 주인이 되어, 능동적인 삶을 이루어 나가기를 바란다는 점입니다.

사춘기 청소년은 독립을 추구합니다. 자기 주도로 인생을 살아가기 위한 준비 기간이라고 할 수 있습니다. 따라서 사춘기의 행동은 많은 부분 이제부터 자신이 주인이 되어 세상을 살아갈 준비를 하는 것과 관련이 많습니다.

사춘기 청소년은 언어로 자신의 마음을 제대로 표현하기에는 아직 서툴기 때문에, 다른 사람과 소통이 되지 않아 마음이 답답할 경우에는 표정이나 몸동작으로 드러냅니다. 내면의 불만이 있을 때는 입이 튀어나오고, 눈을 부리부리하게 뜨거나, 심하면 문을 박차고 나가는 행동을 할 때도 있습니다. 아직 마음이 여리고 자신의 요구를 설득력 있는 말로 표현하는 능력이 많이 부족합니다. 이런 태도에 대해서 '반항한다. 못된 행동을 한다'라고 생각하기보다는 '내 말 좀 들어 주세요!', '내가 주인으로 살고 싶어요!'라는 표현의 일환이라고 생각하는 애정과 여유가 필요합니다. 사춘기 청소년의 태도에 대해서 선입견을 갖거나 혼내기보다는 차분하게 관심을 표현하며 아이의 의견을 물어봐 주어야 합니다.

사춘기 청소년과 함께 생활하는 부모들은 '내 아이의 인생의 주인은 부모가 아니라 아이 자신이다'라고 생각하면 좋겠다는 말씀을 거듭 강조해서 말씀드립니다. 어른들의 관점에서 보면 미숙하고 불안정해 보이더라도, 아이 나름대로는 부모에게 의존하기보다 자신의 힘으로 세상을 탐구하면서 독립하기 위해 노력하고 있는 것입니다.

이 시기 아이들은 부모든 선생님이든 누군가가 자신을 어딘가로 끌고 가려고 하면 저항을 하는 특징이 있습니다. 여러모로 아직 준비가 덜 되었지만, 사춘기는 주인으로 성장하고 싶은 마음과 의욕만큼은 특별히 큰 폭으로 성장하는 시기이기 때문입니다.

아이가 어릴 때, 부모는 자녀의 손을 잡고 인생을 앞서서 안내하는 안내자였습니다. 그러나 아이가 사춘기에 들어서면, 부모는 나만의 인생의 길을 걷기 시작하는 아이를 뒤에서 도와주는 조력자가 되어야 합니다. 부모가 아니라 아이가 앞장서 걷고 부모는 조수의 역할을 자처하며 지원하는 것입니다.

'아이가 왜 유난히 짜증을 낼까?' 하는 생각이 든다면, '짜증 내지 말라'고 아이를 혼내기 전에, '누가 아이의 삶에 들어와서 아이 대신 주인 노릇을 하려 했을까?'라며 아이의 마음을 깊게 들여다보셨으면 좋겠습니다.

그래, 너의 생각을 말해 줘!

"내 성격 알지? 나는 원래 약속 안 지키는 사람을 싫어해."
"한 번 말하면 들으라고 했지? 그런데 지금 몇 번째야?"
"대체 누굴 닮아서 그러니?"
"그걸 말이라고 하는 거야?"
"얘 좀 봐. 어디서 눈을 똑바로 뜨고…"
"이제 좀 컸다고 나를 무시해?"
"어딜, 어른한테 버릇없이!"

이런 말들은 모든 사람이 싫어하는 말입니다. 사춘기 청소년은 특히 싫어합니다. 이 말들이 갖고 있는 공통점이 무엇일까요?

위에서 예시로 든 말들은 모두 상대방을 자신보다 미숙한 존재로 규정하는 차별의 말들입니다. 나만이 옳으니 상대방은 무조건 내 말을 들어야 한다는 강압적인 의미를 담고 있습니다. 넓은 의미로는 폭력으로 규정될 수 있는 말들입니다.

한편 이런 말들은 대화를 끊어지게 만드는 단절의 말들이기도 합니다. 차별과 강압의 폭력적인 말은 결코 상대방의 호응을 얻어 내지 못합니다. 남는 것은 일방적인 훈계와 폭언이 이

어지는 불편한 자리뿐입니다.

만약 사춘기 청소년에게 이런 말들을 퍼붓고 있다면, 상호 간에 호의적인 대화가 나올 수 없습니다. 이런 형식의 강압적 인 태도에 청소년은 대체로 그 자리에서 즉각 "짜증 나~"를 연발하거나 "어쩌라고요~"라는 말로 대응합니다. 그리고 속으로 는 '할 말이 없나 보군', '논리가 없어', '나이 먹는 게 대수인가?' 라는 불만을 갖게 됩니다.

사춘기 청소년이 눈을 똑바로 뜨고 쳐다본다면, 그건 반항 이라기보다는 할 말이 있다는 신호입니다. 무언가 우물우물하 고 있거나 엉뚱한 얘기를 하고 있다면, 그건 책임을 회피하기 위한 게 아니라 아직 자기가 표현할 내용을 말로 정리해 내지 못했기 때문입니다. 어느 경우이건, 이럴 때는 어른이 한 박자 를 쉬고, 청소년에게 자기 의견을 말할 수 있는 시간을 주는 노 력이 필요합니다.

"할 말이 있어 보이는구나. 네 생각을 들어 보자."
"기분이 상했구나. 너는 어떻게 생각하는지 말해 줄 수 있어?"

청소년과 어른의 대화에서 대화를 이어 가야 할 책임은 어 른에게 있습니다. 대화를 통해서 생각할 시간을 갖고 적절한 표현을 자아낼 기회를 가질 때, 청소년은 생각이 깊어지고 풍부한 표현을 할 수 있는 성인으로 성장해 가는 것입니다.

평등 의식의 발달

사춘기 청소년이 가장 중요하게 생각하는 것은 평등 의식입니다. 학교에서 배운 대로 모든 사람은 소중하고 동등한 인격을 갖고 있다고 생각합니다. 남녀 사이의 차별, 직업에 따른 차별, 성적에 따른 차별 등에 예민하게 반응합니다. 성장기에 부모가 형제자매들을 성적에 따라 차별 대우한다면, 성인이 되어서도 앙금이 남을 정도로 상처를 받습니다.

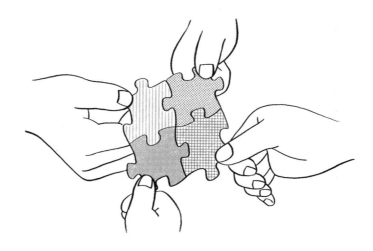

앞쪽의 사진을 보며, 중학생들과 수업 시간에 이야기를 나눈 적이 있습니다. 저는 이 사진을 통해서 협력의 힘을 이야기하였습니다. 그런데 수업이 진행되는 도중에 한 학생이 이 사진을 보면서 평등이 생각났다고 말했습니다. 중학생들은 박수를 치며 호응했습니다. 그 이유를 물으니, 이 사진에서 사람들 모두 퍼즐을 하나씩 나눠 갖고 있다고 대답했습니다. 그렇습니다. 사춘기 청소년은 그러한 공정함과 평등 의식을 매우 중요하게 여기는 시기입니다. 그리고 자신이 차별받았다고 느낄 때는 강하게 저항합니다.

사춘기 때는 모든 인간은 대등하게 존중받아야 한다는 평등 의식이 발달합니다. 그런데 사춘기 청소년은 자기 중심성이 강하기 때문에 평등 의식에 대한 면에서도 자신이 차별받거나 자기 또래의 친구들이 차별받는 경우에는 적극적으로 문제를 제기하기도 합니다.

중학생들과 차별을 담고 있는 말들을 찾아본 적이 있습니다. '감히 어디서~'라는 말이 가장 차별 의식을 담고 있다고 많은 학생들이 동의하였습니다. 특히 교사나 어른과 이야기하다가 이 말을 들으면 기분이 나쁘고 저항하게 된다는 것입니다.

어떤 경우에는 조건과 상황이 달라서 엄연한 차이를 인정해야 하는 상황에서도 무조건 평등을 주장하기도 합니다. 사춘기 청소년은 대등하게 대해 주면 적극적으로 자기 생각과 의견을 표현합니다. 대화를 친절하게 진행하기 위해서는 서로 대등한 관계라는 전제가 있어야 가능합니다. 나이와 경험을 떠나서 상대방의 이야기를 경청하고 질문하는 상호 존중의 관계가 우선되어야 합니다. 상대방이 말을 할 때, 평가하기보다는 상황을 공감하려는 마음이 필요합니다.

사춘기 청소년은 자신이 대등하게 존중받아야 편안하게 자신의 이야기를 말합니다. 청소년이 말하기 시작하면 다음 세 가지 말들로 추임새를 넣어 가면서 경청해 주는 것이 좋습니다.

"그래?"

"그렇구나!"

"그래서?"

사춘기 자녀와 함께하면서 부모는 한 인간의 성장 과정에서 느끼는 활기와 아름다움을 경험할 수 있습니다. 사춘기 청소년의 말과 행동을 평가하기보다 대등한 인간으로 존중하면서 잘 경청해 주고, 의견을 물어보는 과정을 통해서 부모도 새롭게 배우고 성장할 수 있습니다. 사춘기 청소년은 어른으로부터 존중받을 때, 더욱 당당하고 속 깊은 품성을 지니며 성장할 것입니다.

체벌은 폭력

네 살 아이와 함께 생활하는 부모로부터 질문을 받았습니다.

"아이는 자기가 원하는 것이 이루어지지 않으면 떼를 씁니다. 버릇 나쁜 아이가 될까 걱정이 됩니다. 체벌해도 되는 시기는 언제일까요?

이럴 때 대답은 언제나 똑같습니다.

"언제든 체벌은 안 됩니다."

열네 살 아이와 함께 생활하는 부모로부터 질문을 받았습니다.

"아이가 사춘기가 온 것 같습니다. 너무나 말이 안 통하고 사사건건 불평하고 친구를 만나면 집에 들어오기를 싫어할 정도로 친구들과 몰려다닙니다. 어릴 때도 아이들이 잘못했을 때는 혼냈습니다. 무섭고 엄하게 혼을 냈고요. 어떨 때는 벌을 세우기도 했습니다. 사춘기가 되면서 더욱 심해지는 것 같아 체벌을 한 적도 있습니다. 맞고 나면 반성문도 쓰고 잘못했다고 합니다. 체벌을 해도 괜찮을까요?"

이럴 때 대답도 언제나 똑같습니다.

"체벌을 해서는 안 됩니다."

어린 시절 아이에게 무섭게 혼을 내고 벌을 세우거나 체벌을 했다면 지금이라도 사과하시는 것이 좋습니다. 부모로부터 폭언을 듣거나 매를 맞으며 혼났던 기억은 사춘기 청소년이 되고, 성인이 되어서도 사라지지 않습니다. 몸과 마음의 상처로 남아 있는 것입니다.

"네가 어렸을 때도 우리가 너에게 친절하게 타이르면서 대화로 문제를 해결했어야 하는데, 바쁘게 살다 보니 어린아이와 대화하는 방법도 배우지 못해서 잘못했구나. 미안하다. 앞으로는 그런 일이 없도록 노력하겠다."

'너를 위해서'라는 말로 폭력을 정당화하거나 변명하면 안 됩니다. 세상에 사랑의 매라는 것은 없습니다. 내 아이를 귀하고 정중하게 대하는 것이 사랑이고, 매는 폭력입니다. 그리고 사랑과 폭력은 결코 같은 자리에 나란히 세워 두어서는 안 될 말입니다. 지금이라도 정중하게 사과하고 다시는 폭력적인 언행을 하지 않겠다고 약속하는 것이 좋습니다.

대화로 설득할 자신이 없는 사람들이 체벌을 구타가 아닌 교육적 체벌 혹은 훈육의 일환이라 둘러대기도 합니다. 그러나 교육과 훈육은 상대방이 존중받았다는 생각을 가질 수 있는 방법으로 상대방의 성장을 돕고 지원하는 사회화 과정입니다. 교육과 훈육이라는 말을 존중의 마음이 전혀 없는 체벌이라는 말과 함께 써서는 안 됩니다.

사춘기 청소년 시기에는 자존감과 자아 정체성이 급격하게 성장하며, 삶에서 주인으로 살고 싶은 요구 역시 가장 많이 성장합니다. 사춘기 청소년이 체벌을 당하면 심각한 마음의 상처를 받으며, 그 상처가 오래갑니다. 동시에 자신을 체벌한 사람에 대한 신뢰감이 극도로 낮아집니다. 아이에게 체벌을 해서는 안 됩니다. 그리고 아이가 어린 시절에 체벌을 했었다면 지금이라도 진심으로 사과하는 것이 좋습니다.

· 03 ·

친구가 좋아요

사춘기 청소년에게 친구는 어떤 존재일까요?

사춘기 청소년은 부모와 함께 있는 시간보다 친구랑 어울리는 시간을 더 좋아합니다. 사춘기는 친구들과 함께 지금까지 가족들과 경험했던 세상과는 다른 세상을 동경하며 경험의 폭을 넓혀 가는 시기입니다. 아직은 부모의 보호도 필요하지만 스스로 판단하면서 새로운 사회적 공간으로 들어가기를 시도합니다. 가족과 함께 풍성한 식사를 하는 것도 좋아하지만, 친구들과 소박한 음식을 먹는 시간을 소중하게 계획하고 기다리는 측면이 있습니다.

두 가지를 알아 두면 좋겠습니다.

첫째, 사춘기 청소년에게는 친구와 만나는 것이 사회적 관계의 전부입니다. 친구를 만나면서 인간에 대해서 이해하고 상상하고 표현합니다. 지금까지 가족을 중심으로 생활이 진행되었다면 사춘기부터는 가족이 아닌 다른 사람인 친구와 지속적이고 정기적으로 만나면서 자기 나름의 사회생활을 시작하는 것입니다. 현실적으로도 사춘기 시기에 같은 학교, 같은 동네를 공유하는 친구의 영향은 절대적입니다. 사춘기 청소년은 친구 관계가 잘 진행되면 자부심이 생기고 독립심과 자존감이 높아집니다. 친구를 만나지 못하면 삶이 지루하기 짝이 없고, 대화 대상도 없다고 생각합니다.

둘째, 사춘기 청소년은 친구를 자신과 동일시하는 측면이 있습니다. 부모의 눈으로 판단하기에 자녀의 친구가 마음에 들지 않고, 문제가 있는 친구를 사귄다는 생각이 들 수 있습니다. 그러나 그렇더라도 즉각적으로 반대하거나 문제점을 말하기보다는 최대한 자녀의 친구를 존중하면서 대화를 풀어 나가야 합니다. 왜냐하면, 친구를 자신과 동일시하는 측면이 있는 사춘기 청소년은 친구가 공격받으면 무조건 친구를 옹호하며 상대방을 공동의 적으로 공격하는 경향이 있기 때문입니다. 때로는 그 대상이 자신의 부모라 할지라도 친구의 편을 들고 방어하기도 합니다. 그런 경우에는 아이가 친구에 대해서 말할 수 있도록 경청하면서 함께 생각하는 시간을 갖는 것이 중요합니다. 사실 부모님께서 염려하는 문제점은 아이도 이미 알고 있을 경우가 많습니다. 그렇기에 부모님과 대화하면서 아이 스스로 상황을 객관화시키는 계기가 될 수 있습니다.

여기서는 사춘기 청소년의 친구 사귀기에 관해 부모님들과 의견을 나눈 사례를 바탕으로 실제 대화 방법을 알아보겠습니다.

사춘기 청소년에게는 친구와 만나는 것이 사회적 관계의 전부입니다. 이 시기 청소년은 친구를 자신과 동일시하는 측면이 있으므로, 친구에 관해 이야기할 때는 아이의 입장을 존중하며 대화해 나가야 합니다.

너의 기준을 믿을게

"내가 사귀는 친구예요. 좀 더 지켜봐 주시면 좋겠어요."

우리 아이에게는 함께 어울리며 집에도 같이 오는 친구가 하나 있습니다. 말투가 곱지 않고 행동도 가벼워 보여서 어쩐지 마음에 들지 않아 고민이 되는 친구였습니다. 뭐라도 얘기를 해 줘야 할까 참고 있다가 어느 날인가 아이에게 아이 친구의 문제점에 관해 이야기를 꺼냈습니다. 그런데 아이의 대답은 내 생각과 달랐습니다.

> 내가 사귀는 친구예요. 좀 더 지켜봐 주시면 좋겠어요.

> 왜?

> 친구에 대한 기준은 제가 정할 수 있으니까요.

> 그렇구나. 그런데, 네가 친구에 대해서 어떤 기준을 갖고 있는지 궁금해. 이야기 좀 들어 보자.

> 적어도 약한 애들을 괴롭히지는 않아요.

> 중요한 기준이구나. 너의 기준을 믿을게.

부모 입장에서 자녀의 친구 문제가 염려될 수는 있습니다. 그래도 아이에게 친구의 문제점을 제시하면서 단정적으로 말하기보다는 자녀가 친구의 행동에 대해 생각해 볼 수 있는 시간을 갖도록 대화를 나누는 것이 필요합니다. 일상생활에서도 친구에 대해 종종 이야기를 나누면 좋습니다. 부모의 의견을 강요하기보다는 자녀의 의견을 충분히 경청해 주고, 자녀를 믿고 있다는 마음을 분명히 표현할 필요가 있습니다. 부모와의 대화를 통해서 자신을 사랑하고 믿어 주는 부모님의 마음을 확인하면, 친구를 소중하게 여기면서도 친구에게 휘둘리지 않을 수 있습니다. 그리고 혹시 어려운 일이 생겼을 때도, 부모님과 의논하면서 문제를 해결할 수 있는 힘이 생겨납니다.

엄마가 들어 줄게, 말이나 해 보렴

아이가 집에 들어오면서 문을 쾅 닫고 화를 내며 씩씩거립니다.

어서 와. 무슨 일이 있었어?

아 열 받아.

> 무슨 일인데?

엄마는 알 것 없어요. 이건 내 문제니까, 엄마가 도와줄 수도 없고….

> 그래도 답답할 때는 말이라도 하는 편이 나을 수도 있어. 엄마가 들어 줄게, 어떤 일이지 말이나 해 보렴.

그러니까요….

무슨 일인가 했더니, 친구에게 생긴 문제입니다. 아이는 열심히 상황을 설명하고 자신이 힘들었던 점을 이야기했습니다. 그저 열심히 경청하면서 아이의 말에 맞장구를 치며 아이의 편을 들어 주었습니다. 그런데 한참을 이야기하다가 아이가 이런 말을 꺼냅니다.

"엄마! 친구가 그럴 수밖에 없지 않았을까?"

아이는 '무슨 사정이 있지 않았을까?'라고 친구를 이해하려는 태도를 보였습니다. 그저 아이의 말을 들어 주기만 했는데, 스스로 해결 방법을 찾아낸 셈입니다. 처음에는 아이가 엄마에게 알 것 없다고 면박을 주었지만, 엄마는 차분하게 대화를 이어 가면서 아이의 말을 경청합니다. 아이 스스로 친구의 행동을 돌아볼 수 있는 시간을 갖도록 지원하는 것입니다.

사춘기 청소년은 무조건 또래 친구들을 좋아합니다. 친구와 싸우고도 금방 화해를 하고 친구와 의견이 달라 다투더라도 쉽게 헤어지지 못합니다. 친구가 잘못한 일이 있어도 감싸주고 어울리는 경향이 있습니다. 친구의 행동에 문제점이 있더라도 혼자 있는 것보다는 친구들과 함께 있는 편이 훨씬 재미있고 안전하다고 생각하기 때문입니다. 그리고 불안정한 친구의 문제점을 보면서 아직 불안정한 자신의 모습을 위로하고 공감하기도 합니다.

우리는 일상생활에서 상대방의 말을 이해하고 공감해 주었는데 자신이 스스로 해답을 찾아가는 상황을 종종 경험합니다. 학교에서 돌아와 선생님에 대한 불만을 이야기할 때도 문제를 해결하겠다는 생각을 버리고 자녀의 말을 들어 주고 "왜?", "저런, 안타깝구나!", "그러면 어떻게 했으면 더 좋았을까?" 등 생각할 기회를 주고 마음을 이해하고 격려해 주면 나중에는 자신이 스스로 해답을 찾아가는 경우가 많습니다.

내 친구 원래는 착한 애야

아이 친구가 문제를 일으켰습니다. 그런 경우 부모로서는 걱정이 되고 아이와 그 친구와 거리를 두거나 만나지 못하도록 다짐이라도 받아 놓고 싶은 마음이 생길 수 있습니다.

네 친구 ○○이 있잖아.

○○이? 왜?

욕을 좀 심하게 하더라.

엄마가 그걸 어떻게 알아?

지난 화요일에 집 앞 사거리 마트 앞에서 친구들하고 지나가며 말하는 걸 들었어.

욕은 좀 하지. 그래도 원래는 착한 애야.

사춘기 청소년은 부모가 친구의 문제점을 지적하면 원래는 착한 애라며 친구를 감싸는 경향이 있습니다. 이럴 때는 "야 원래 착하지 않은 사람이 어디 있냐?" 또는 "길거리에서 심한 욕을 하는 학생을 착하다고 보기는 어렵지"라고 응수하고 싶어도 참는 것이 좋습니다. 이럴 때 시시비비를 따지는 것은 자녀와의 관계에 전혀 도움이 되지 않습니다. 오히려 아이 친구에 대해 부모가 먼저 좋은 점을 찾아서 한정적 표현으로 배려해 주는 것이 좋습니다.

> 지난번에 집에 왔던 네 친구 말이야.

응 ○○이, 왜?

> 인상이 참 착하게 생겼더라.

혹은 "인사 잘하는 거 보니, 성격이 좋겠더라" 정도의 말도 괜찮습니다. 친구의 문제점을 얘기하기 전에 우선 부모로서 아이의 신뢰를 받는 것이 중요합니다. 만약 친구의 문제점을 먼저 이야기한다면 아이는 친구를 변호하면서 친구를 이해하지 못하는 부모와 거리를 둘 수 있습니다. 그렇게 되면 정작 아이가 친구 문제로 어려움을 겪을 때, 부모와 의논하지 않기 때문에 아이를 돕기 어렵습니다. 평소에 부모가 아이의 마음을 읽어 주고 넉넉한 여유를 가진 부모로 신뢰감을 형성해 두어야, 아이도 친구와 관련된 이야기를 자유롭게 말하고 부모에게 도움을 요청할 수 있습니다.

또한 우리 아이의 친구는 누군가의 아이이기도 합니다. 이런 생각으로 함께 문제를 해결하기 위해 도와주겠다는 어른들의 폭넓은 애정은 사춘기 청소년이 사람을 사랑하고 삶을 사랑하는 방향으로 성장하도록 지원합니다.

> 이번에 학교에서 문제를 일으킨 학생이 지난번 집에 왔던 ○○이 아니야?

맞아요.

> 왜 그랬을까? 인상은 착해 보이던데….

원래 착한 앤데 자기 성질을 못 참고 욱하는 면이 있어서 그래요.

> 너도 걱정이 많겠구나.

본인이 해결해야지요. 저는 곁에서 지켜보려고 해요.

> 이번 일을 통해 너도 생각이 깊어지길 바란다. 그리고 내가 도울 일이 있으면 말해 줘.

"내가 도울 일이 있을까?", "도움이 필요하면 말해 줘." 이런 말들을 자주 해서 언제나 돕고 지원할 수 있다는 메시지를 생활화시키는 것이 좋습니다. 아이가 도움이 필요할 때, 망설이지 않고 도움을 요청할 수 있도록 내면화하는 것입니다.

친구 같은 부모는 없다

어느 날 ○○이랑 대화를 하는데, 자기 부모에 대한 이야기를 꺼냅니다.

> 우리 부모님은 나랑 친구같이 지내고 싶다고 하셔요. 그게 무슨 뜻인지 모르겠어요.

> 너를 잘 이해해 주고 허물없이 지내고 싶으신 마음일 거야.

> 근데 또 예의는 되게 따져요.

> 예의는 지켜야지.

> 선생님은 누구 편이세요?

> ○○이 편.

> 저는 부모님이랑 친구처럼 놀 생각은 없어요. 오히려 부모님이 각자 친구를 만나고, 친구랑 놀았던 이야기도 해 주시면 좋겠어요.

> 왜?

> 그러면 부모님께서도 사는 것이 더 재미있을 것 같아요. 저는 친구랑 노는 것이 제일 재미있거든요.

> 친구가 없으면 좀 심심하고… 사람이 심심하면 짜증을 내게
> 되잖아요.

이 대화에서 두 가지 사실을 주목할 수 있습니다.

첫째로 사춘기 청소년은 친구 같은 부모와 노는 시간보다 친구랑 노는 시간이 더 재미있다는 점을 밝히고 있다는 점입니다. 사춘기 청소년에게는 친구가 가장 소중합니다. 친구 없이는 할 수 있는 일이 거의 없다고 생각합니다. 사춘기 청소년이 학교에 가는 이유는 그곳에 친구가 있기 때문입니다. 친구랑 어떻게 재미있게 놀까 하는 궁리를 하면서 학교에 갑니다. 친구가 있어야 학교생활도 재미있고 일상생활에서도 행복을 느낍니다.

둘째로 사춘기 청소년은 누구든 친구가 없으면 심심하고 짜증을 낸다는 것을 당연하게 생각합니다. 그래서 부모님도 자신을 돌보는 일로만 시간을 보내지 않고 친구랑 재미있게 생활하기를 바라는 마음을 갖고 있습니다. 친구가 없어서 심심한 부모를 염려하고 또 그런 부모를 둔 자신을 염려합니다. 심심한 부모를 위해 자신이 부모의 친구가 되어 주어야 한다는 것은 사춘기 청소년에게는 무척 재미없고 부담스러운 일이기 때문입니다.

부모님의 친구분들 정말 좋아요

웬 빵이에요?

너 먹으라고.

아빠는 이런 종류 빵 잘 안 사시잖아요.

응 아빠 친구가 너 갖다 주라고 사 주었어.

나 사실 이렇게 달콤한 빵 좋아하는데….

아빠 친구분은 청소년의 미각을 이해하시는 분인 것 같아요.

그래? 나도 앞으로 가끔 달콤한 빵 사 와야겠네.

사춘기 청소년은 부모의 친구들에게 관심이 많고 부모의 친구들이 관심을 갖고 잘해 주면 매우 고맙다고 합니다. 그리고 부모님이 친구를 만나고 돌아오면 매우 여유 있고 즐거워 보인다고도 합니다. 사실 부모들도 좋은 친구를 만나서 재미있는 시간을 보내고 집에 돌아오면 자녀들과도 더 즐겁게 지낼 수 있습니다.

왜 김치를 꺼내세요?

> 엄마 친구에게 좀 보내 주려고.

> 지난번 모임에 한쪽 가져갔더니 맛있다고 감탄을 해서 이번에는 조금 넉넉히 보낼까 해.

> 엄마 친구분이 칭찬했어요? 역시 맛을 아는 분이시군요.

> 친구에게 칭찬받으니까 너무 기분이 좋더라.

> 엄마도 그래요? 사실 나도 친구에게 칭찬받으면 엄청 기분이 좋더라고요.

사춘기 청소년은 부모의 친구들에게 관심이 많고 부모가 친절한 친구들과 우정을 나누고 선물을 주고받으면 매우 고마워합니다. 부모의 관심이 자신에게 집중되지 않고 다양한 만남과 모임을 통해 즐겁고 행복한 시간을 보내는 것은 사춘기 자녀들에게도 고맙고 든든한 일입니다. 더 나아가 어른이 되어서도 친구가 있다는 것은 중요한 일이라는 사실을 인식하는 계기가 될 수 있습니다.

자녀가 열 살이 넘게 성장하고 나면 부모들도 자기 삶을 돌아보고 친구도 챙기며 인생의 다양한 재미를 가꾸어 갈 필요가 있습니다. 그동안 잠시도 손을 놓지 못하고 돌봐 주어야 했던 어린아이가 사춘기 청소년이 되었다는 것은 이제 아이뿐 아니라 부모도 아이만 바라보던 시선을 좀 더 멀리 확장하여 아이가 살아갈 세상을 보면서 더 넓은 삶을 준비해야 할 시기라는 의미도 있습니다. 하나였던 부모와 아이의 인생이 각자의 인생으로 홀로 설 준비를 하는 시기라고 할 수도 있습니다.

아이가 열 살이 넘으면 이제 '아이 인생과 나의 인생은 별개'라는 생각으로 자신의 삶을 재미있게 살기 위해 친구도 만나고 취미 활동도 시작해야 할 시기라고 할 수 있습니다. 배우고 싶은 악기를 배우거나, 등산을 가거나, 자전거를 타고, 그림을 그리고 또는 수집 활동을 하는 과정에서 오히려 아이와 함께 나눌 화제의 폭도 넓어질 수 있습니다. 그 과정에서 아이의 생각 역시 더욱 커질 수도 있습니다.

반면 사춘기 이전과 같이 아이에게만 모든 관심을 쏟는다면 그것이 오히려 역효과를 낼 수도 있습니다. 자신의 생과 아이의 생을 동일시하면서, 자신의 삶의 보람을 아이의 성취 여부와 과도하게 연관 지어 매달리게 될 수도 있습니다. 이것은 아이와 부모 모두에게 부담스럽고 힘든 일입니다.

엄마, 나의 인생과 엄마의 인생은 어떤 관계예요?

너의 인생은 너의 것, 엄마의 인생은 엄마의 것이지.

> 그럼 상관이 없다는 거예요?

그건 아니고, 서로 응원하는 관계라고 할 수 있어.

그래도 아무도 자신의 인생을 대신 행복하게 할 수는 없으니까, 각자의 인생이라고 할 수 있지.

> 와 쿨하시네. 저는 엄마 눈치 안 보고 제가 행복하면 되나요?

그래 눈치를 왜 보며 살아. 네가 행복하고 진실하게 사는 것이 중요하지.

사춘기 청소년은 부모의 응원을 먹고 성장합니다. 부모가 자녀의 눈에 보이는 즉각적인 성과나 실수에 일희일비하지 않고 아이의 마음을 끝까지 믿어 주고 응원해 주는 마음이 사춘기 청소년을 행복하게 살아갈 수 있게 하는 힘입니다.

3부

자존감을 높이는
대화법

부모는 아이가 행복한 삶을 살아가기를 바랍니다. 아이가 행복하게 살아가기 위해 배워야 할 가장 중요한 점이 무엇인가를 고민하고 탐색합니다. 그런데 첨단 과학 및 정보 기술 발전으로 급격한 변화를 맞이하는 현시대는 우리 아이들이 살아갈 미래를 예측하기 어렵기 때문에 자녀 교육에 대한 불안감이 높아질 수 있습니다. 그러나 불확실한 사회에서도 분명한 사실은 우리 아이들이 성장하고 있으며, 스스로 자신의 삶을 선택하고 살아가야 한다는 것입니다. 이 과정에서 가장 중요한 과제는 자신의 존재를 사랑하고 존중하는 '자존감 높은 사람'으로 성장하는 것입니다.

자존감이 높은 사람들은 자신의 삶을 소중하게 여기고 다른 사람들의 삶도 존중합니다. 어려움 속에서도 다른 사람과 좋은 관계를 맺으며, 삶의 즐거움을 발견하고, 실패를 경험할 때도 좌절하지 않고 용기를 내어 도전할 수 있습니다. 시대의 흐름과 변화에서도 행복한 삶을 살았던 사람들의 공통점은 자존감이 높은 사람이었다고 할 수 있습니다.

반면 자존감이 낮은 사람들은 행복한 삶을 살기 어렵습니다. 이들은 타인의 평가나 가치 기준에 따라 자신의 즐거움과 행복이 좌우되기 때문에, 다른 사람의 눈치를 보는 경향이 있습니다. 그래서 많은 것을 갖고 있어도 늘 허전하고, 많은 사람을 만나도 존중받는다는 느낌을 충족시키기 어렵습니다.

그렇다면 어떻게 해야 아이가 자존감이 높은 사람으로 성장할 수 있을까요?

자존감은 '자존감을 가져야 한다'고 말하고 설명하고 훈계를 해서는 배울 수가 없습니다. '자존감이란 무엇인가'를 이론적으로 배우고 연구한다고 해도 습득하기가 쉽지 않습니다. 자존감은 나와 다른 사람이 대화를 통해 협력하고 마음을 나누는 과정에서 형성되기 때문입니다. 특히 사춘기 시절 부모님과 일상생활에서 나누는 대화의 내용과 방법은 자녀의 자존감을 높이거나 낮추는 데 중요한 역할을 합니다. 우리가 날마다 먹는 음식의 양과 질이 우리 몸의 건강을 좌우하는 것처럼, 우리가 날마다 나누는 대화의 양과 질이 자존감의 수준을 결정합니다. 자신이 세상에 태어날 수 있던 근원이라 할 수 있는 부모님의 사랑과 신뢰를 담은 말들은 청소년 자신에 대한 사랑과 신뢰감으로 마음 깊이 저장되고 내면화됩니다.

자존감을 높이는 대화는 '존재 자체를 사랑하는 대화', '주인으로 성장하는 대화', '반대 의견을 존중하는 대화'로 구성되어 있습니다. 그리고 사춘기 청소년의 관심이 높은 '용돈 문제'를 통해서 자존감을 높일 수 있는 방안과 대화를 이야기하겠습니다.

· 01 ·

존재 자체를
사랑하는 대화

어느 토요일 오후, 아이와 함께 거실에서 차를 마시면서 나눈 대화입니다.

○○야 고마워.

왜요?

너랑 함께 있으면 참 좋아.

그러니까 왜요?

네가 우리 아이로 와 주어서. 이렇게 날마다 볼 수 있어서 참 고맙다는 생각이 들어.

참~ 그게 다예요?

응!

아이는 큰 소리로 웃었습니다.

사춘기 자녀에 대한 칭찬은 아이가 자신의 존재에 대해 자부심을 갖게 하는 중요한 성장 요소입니다. 부모로부터 받은 칭찬은 아이에게 즐거움과 자부심을 줍니다. 부모님들께서 자주 칭찬을 해 주시면 좋겠습니다.

그런데 사춘기 청소년 자녀를 둔 부모들은 '칭찬을 하고 싶어도 칭찬할 만한 일들이 없어서 안타깝다'고 합니다. 이 말은 아이에게 '칭찬 받을 만큼 우수하거나 뛰어난 성과가 없다'는 뜻이 되겠지요. 그런데 꼭 무언가를 잘했을 때만 칭찬을 한다는 고정 관념에서 벗어나기를 제안합니다.

존재 그 자체가 칭찬과 감탄이 되어야 자존감이 높아질 수 있습니다. 보통 뭔가를 잘하고 나서 칭찬을 받으면 이것은 당연한 칭찬이라고 생각하기 때문에 칭찬하는 사람에 대해서 고마워하기보다는 우쭐하는 마음이 들기도 합니다. 그래서 자녀가 이루어 낸 특정한 성과에 대한 과도한 칭찬을 하는 경우는 자녀들이 부담감을 느낄 수도 있습니다.

한 생명으로서 살아가고 있는 존재 그 자체가 칭찬이 되고, 하루하루를 잘 살아 내며 성장하고 있다는 사실이 칭찬이 될 때, 자존감은 높아질 수 있다는 점을 다시 한번 확인합니다.

꼭 무언가 잘했을 때만 칭찬을 하는 것은 아닙니다. 곁에 있어 주고, 가끔 눈을 마주치며 웃어 주고, 날마다 자신이 해야 할 일들을 하면서 성장하는 모습들은 칭찬받기에 충분합니다. 가장 좋은 칭찬은 아이의 존재 자체와 아이의 행동에 고마워하는 것입니다.

부탁하고 칭찬하기

아이에게 무언가 부탁한 뒤, 아이가 그 부탁을 받아 주고 실천할 때마다 칭찬하는 것도 아이의 자존감을 높이는 방법입니다. 다만 부탁은 늘 정중하게 하고 결정은 당사자가 하도록 시간을 기다려 줘야 합니다. 정중하지 않은 부탁은, 자칫 부탁이 아닌 지시나 명령으로 느껴질 수 있습니다. 사람들은 같은 일을 하더라도 누군가에게 지시받고 명령받았다는 생각이 들면 좋은 일을 하고 나서도 그다지 유쾌하지 않은 묘한 느낌을 받습니다.

지시와 명령을 들으면 아이는 자신을 주인이 아닌 노예라 생각하기 때문입니다. 하지만 아무리 정중하더라도 아이가 부탁을 들어주지 않는 경우는 자주 생깁니다. 이럴 때도 아이를 강압적으로 대해서는 안 됩니다. 정중하게 부탁하고 거절을 당하면, 또 다음 기회에 정중하게 부탁하고, 부탁을 들어주면 칭찬을 하는 것을 통해서 서로의 존재에 대한 소중함을 공유하면서 서로의 자존감이 높아질 수 있습니다.

우리 아이가 중학생 때 일입니다. 쓰레기 분리수거를 하려고 하니 지난 주에 못하고 밀려서 한가득입니다. 혼자 들고 가려니 벅차서 아이 방을 노크했습니다.

> 엄마 좀 도와주세요.

싫어요.

> 왜?

저도 지금 바빠요.

> 그렇구나. 얼마나 기다리면 될까?

한 시간쯤 걸릴걸.

> 그래 엄마가 한 시간 뒤에 다시 부탁할게.

단호하게 '싫다'고 말하는 모습을 보고 놀랐습니다. 나는 어렸을 때부터 부모의 부탁이나 의견에 싫다는 말을 거의 해 본 적 없이 살아온 것 같습니다. 한편으로는 아이가 싫다고 정확하게 말할 수 있어서 다행이라는 안도감이 들기도 하고, 아무리 그래도 엄마 부탁인데 좀 냉정하다는 섭섭함이 들기도 해서 복잡한 심정이 되었습니다.

한 시간이 지나고 다시 정중하게 부탁을 했습니다. 아이는 느릿느릿 마지못해 나왔습니다.

그사이 나는 분리수거를 하기 좋게 쓰레기를 정리해 놓았습니다. 깨끗한 재활용품을 중심으로 담은 상자를 딸에게 주고 함께 현관문을 나섰습니다. 분리수거를 마치고 딸과 함께 걸어오는데 마음이 즐거워졌습니다. 아이에게 폭풍 칭찬을 해 주었습니다.

우리 인생은 성공이야.

왜요?

바로 이 딸이 엄마에게 와 주어서.

저도 엄마 딸이라서 좋아요.

고마워!

가로등 불이 우리를 환하게 비춰 주었습니다.

"많이 컸구나."
"네가 우리 곁에 있어서 고맙다."
"우리 인생에서 가장 큰 축복은 네가 태어난 일이야."
"너라는 사람은 존재 자체가 기쁨이란다."

가장 좋은 칭찬은 아이의 존재 자체를 고마워하는 것입니다. 아이가 세월이 흐르며 이렇게 성장했다는 사실, 우리 곁에 있다는 사실, 우리 가족의 한 사람으로 부모 곁에서 성장하고 있다는 사실들을 칭찬하는 것은 자녀의 자존감을 높이는 가장 효과적인 방법입니다. 이럴 때 느끼는 자존감은 시험 성적을 잘 받았다거나 특정한 일을 잘 해냈다거나, 타인과의 경쟁에서 이겼다는 사실을 중심으로 칭찬을 받았을 때 느끼는 기쁨과는 본질적으로 다릅니다. 자존감은 딱히 무엇인가를 잘하지 않아도 살아갈 힘을 주기 때문에 행복한 삶을 살아가는 힘이라고 할 수 있습니다.

달라도 괜찮아

"우리 집 큰 애는 저와 성격이나 취향 모든 것이 달라서 힘들어요."

"어떨 때는 '내 자식이 맞나?' 하는 생각까지 들 정도입니다."

"아이도 가끔 자신이 청개구리 같다고 말하기도 합니다."

"큰 애에게는 미안한 일이지만 부모와 자식 사이라 해도 어쩔 수 없다는 생각이 듭니다. 반면 둘째 아이는 저랑 생각이 잘 통하고 저의 감정에도 잘 반응을 해 주어 잘 지낸답니다."

아이는 부모와 전혀 다른 독립된 개체입니다. 그래서 만약 아이가 부모와 성향이 비슷하고 마음이 잘 통하면 '고마운 아이가 나에게 왔구나'라고 감사하는 것이 좋습니다. 만약 나와 정말 소통이 안 되고 이해가 안 되는 아이의 경우에는 '우수한 아이가 우리에게 왔구나'라고 생각하시면 좋겠습니다. 우수한 아이가 왔는데 내가 부족해서 이해를 못 하니, 더 마음도 넓히고 인간의 성장과 발달에 대해 공부도 더 해야만 아이와 소통할 수 있다고 마음먹어 봅니다.

인간은 모두 전혀 다를 수 있습니다.

어쩌면 다른 게 정상입니다.

같은 부모의 자녀라 해도 성향이 비슷하고 잘 통하는 경우도 있지만, 성향이 다르고 서로 이해하기 어려운 경우도 있을 수 있습니다. 그런데 설령 나와 대화가 잘 통하는 아이라 할지라도 나와 같다고 생각하시면 오산입니다.

보통 열 살까지는 고분고분하고 말도 잘 듣고 다정했던 아이들이 열 살이 넘으면 부모님과 소통이 어렵고 이해할 수 없는 낯선 모습을 보이기도 합니다. 사춘기에 들어선 것이지요. 엄마 말도 잘 듣고 소통이 잘되던 아이가 자신의 목소리를 내기 시작합니다. 이제 지금까지 알고 있는 방식으로는 소통하기 어려울 정도로 아이가 우수해진 것입니다.

부모는 부모, 나는 나

"아이의 말이나 행동에 대해서 공감해 주고 소통해야 하는데,
솔직히 이해가 안 간다는 생각이 먼저 들면 화가 납니다."

사춘기 청소년에게는 자신만의 독자적인 스타일과 개성을 추구하고 싶어 하는 특징이 있습니다. 아이들은 부모를 좋아하지만, 부모와 같은 사람이 되고 싶어 하지 않습니다. 자신의 개성을 가지고 자신만의 방식으로 살아가고 싶어 하는 것입니다. 그래서 사춘기에 갓 들어설 때는 잘 소통한다고 생각했던 아이도 몇 년이 지나고 나면 부모의 기대와 다른 모습을 보일 때가 있습니다.

부모가 사춘기이던 시절과 지금 자녀들이 사춘기를 보내는 시절은, 정보의 양에서도 다양함과 질에서도 전적으로 다릅니다.

어린 시기를 벗어나 사춘기에 들어선 자녀는 자신의 성장과 사춘기라는 특성, 그리고 시대의 변화에 따라 늘어난 정보들 덕분에 이전과는 비교할 수 없을 정도로 우수하고 변화무쌍해집니다.

더 많이 공부하고 배워야만 자녀와 소통할 수 있습니다. 사춘기에 접어들며 자녀가 달라진 점도 익혀야 하고, 시대의 변화에 대해 공부도 좀 해야 하며, 자녀들이 살아갈 사회에 대한 관심도 기울여야 합니다. 거기에 사춘기 시기 청소년에 대한 성장과 발달에 대한 지식도 필요합니다. 여기까지 와야 간신히 사춘기 자녀들과 대화할 출발점에 선 셈이 되는 겁니다.

우리와 함께 살아가고 있는 아이들이 어느 시점에서는 부모에게 이런 말을 할 수도 있습니다.

"그거야 옛날이야기지요. 요즘 그런 학생들이 어디 있어요?"
"할 말은 하고 사는 것이 요즘 대세입니다. 이제 달라졌다고요."
"저는 부모님을 사랑하지만, 부모님과 똑같은 삶을 살고 싶지는 않아요."
"제 인생은 제가 알아서 살 거예요."

사춘기 시기는 자신을 사랑하면서 자신에 대한 분명한 자존감을 발달시켜야 할 과제가 있는 아름답고 특별한 시기입니다. 부모를 좋아하고 부모가 훌륭하다는 것을 인정하고 존경하는 아이에게도 부모는 부모이고, 나는 나라는 생각은 분명합니다.

사랑으로 태어난 생명

사춘기는 인생의 전환기라고 할 수 있습니다.

육체적으로는 새로운 생명을 잉태하고 키울 준비를 하면서 성장하고 있으며, 정신적으로는 부모에 대한 의존을 벗어나 독립된 생명으로 살아갈 준비를 하고 있습니다. 이 시기에는 생명을 소중하게 여기는 마음이 많아지고, 자신을 낳아 주고 길러 준 부모에 대한 관심과 애정도 깊어집니다. 엄마 아빠의 어린 시절에 관한 이야기를 들려주는 것도 좋아하지만, 그보다는 부모의 청춘 시절에 관한 이야기에 더 깊은 관심을 보이는 측면이 있습니다.

> 엄마와 아빠는 어떻게 만나셨어요?

시민 단체에서 취미 활동을 하면서 만났지.

여러 사람이 정기적으로 만나서 함께 공부도 하고 건강도 챙겨 주는 모임이었어.

> 학교 동아리 같은 거예요?

뭐 비슷한 거지.

내가 그 단체에서 실무를 담당하고 있었는데, 어느 날 모임이 끝나고 뒤풀이에서 지나가는 말로 그 사무실에 컴퓨터가 있었으면 좋겠다고 말했던 것 같아. 그런데, 며칠 후에 땀을 뻘뻘 흘리며 컴퓨터를 들고 온 거야.

아빠가요?

응.

엄마에게 관심이 있었던 거예요?

글쎄다.

아무튼 그 시절에는 컴퓨터가 매우 비싼 물건이었거든. 그래서, 내가 고맙지만 비싼 컴퓨터를 그냥 받아도 될지 물어보았는데, '혼자 사용하는 것보다 여럿이 필요한 공간에 두고 쓰는 것이 좋겠다는 생각이 들어서 가져왔다'고 대답하는 거야.

와~ 아닐 것 같은데 흑심이 있었을 것 같은데….

그랬을지도 모르지.

그런데, 나는 그 대답을 들으며 괜찮은 사람이라는 생각이 들었어. 너희 아빠가 다른 사람들에게 잘 나누어 주는 장점이 있거든.

약간 오지랖이 넓군요.

> 네가 동생들에게 양보도 잘하고 친구들을 잘 챙기는 점이 아빠를 많이 닮은 것 같아.

< 지금 나를 칭찬하시는 거죠?

사춘기 자녀들은 부모님이 어떻게 만났는지, 왜 좋아하게 되었는지, 어떤 과정을 거쳐서 사랑하고 결혼했는지, 자신이라는 아기가 태어나서 또 어떠했는지에 대한 이야기를 들려주면 좋아합니다. "이렇게 만나 서로 사랑해서 결혼을 했고, 그래서 예쁜 아기가 태어났다"는 이야기는 여러 번 들어도 그때마다 재미있어 합니다. 어떤 면에서는 자신이 어떻게 태어나 이 자리에 있는가에 대한 설명이기도 하니까요.

따라서 사춘기 자녀들에게 "어쩌다 보니, 결혼을 하게 됐지"라거나 "내가 이것저것 자세히 따져 보지도 않고", "뭐에 홀렸는지 정신없이", "나 없이는 못 산다길래 진실인 줄로 착각을 해서" 등 자기 결정이 아니라, 우연이나 실수의 결과였다는 식으로 가볍게 이야기를 해서는 안 됩니다. 또는 "네가 태어나서 어쩔 수 없이…"라거나 "너 하나 키우기 위해서 참고 살고 있어" 같은 부정적인 이야기도 해서는 안 됩니다. 이런 이야기는 자신의 출생이 축복받지 못한 거였다거나, 더 나아가 자신이 부모의 걸림돌이라는 생각까지 갖게 하여 아이의 자존감에 상처를 줄 수도 있습니다.

사춘기 청소년 시기에 '자기 자신이 청춘남녀의 지극한 사랑으로 태어난 귀한 생명이며, 그래서 특별한 사람이라는 생각'을 하는 것은 긍정적인 자아를 형성하는 기초가 될 수 있습니다. 부모의 로맨스를 적극적으로 들려주는 과정에서 청소년은 자신이 사랑으로 태어난 생명이라는 점을 느끼고 자존감이 높아집니다. 부모님께서 연애 시절 상대방의 마음을 얻기 위해서 노력하고 기다렸던 이야기, 함께 걸으며 행복했던 추억들을 이야기하는 과정에서 청소년은 사랑하는 사람의 마음을 얻기 위한 노력의 과정 또한 배우게 됩니다.

아이에게 '부모'의 장점을 말해 주세요

"누굴 닮아서 그러냐."
"니 아빠나 너나 고집불통인 점은 똑같아."

아이에게 배우자의 단점을 흉보지 말아 주세요. 배우자의 단점을 이야기하는 순간 아이는 자신이 환영받지 못하고 있다는 불안감을 느낍니다. 어느 아이건 최소한 절반 정도는 엄마나 아빠를 닮았다고 생각하기 때문입니다. 배우자의 친척에 대한 단점도 함부로 늘어놓지 않는 것이 좋습니다. 사춘기 청소년은 종종 친구들과 모여 다른 사람들의 문제를 이야기하며 웃고 떠들곤 합니다. 때로는 자기 자신조차 웃음의 대상으로 삼아 대화를 이어 가기도 합니다. 그러나 부모가 가족의 구성원이나 친척에 대한 흉을 잡는 것은 경우가 다릅니다. 이럴 때 아이들은 웃고 즐기기보다는 실망하는 경향이 있습니다.

반면 가족과 친척에 대한 칭찬은 성장기 아이들에게 긍정적인 영향을 줍니다. 자신이 좋은 가족의 구성원 중 하나라는 사실에 대해 자부심이 생기는 것입니다. 부모든, 형제자매나 다른 친척이든, 아이가 소속감을 느끼는 사람들이 좋아할 만하고 신뢰할 만한 훌륭한 사람이라는 것은 아이에게는 자존감을 높이는 행복의 조건 중 하나가 될 수 있는 일입니다.

> 제가 뭘 자꾸 잃어버리는 편이에요. 어제는 목도리, 오늘은 우산… 죄송해요.

> 나를 닮아서 그래. 나도 어릴 때부터 물건을 자주 잃어버리곤 했어. 생각에 집중하다 보면 물건을 안 챙기고 그대로 두고 집에 왔지. 혼도 많이 났지만, 잘 안 고쳐지더니 어른이 되고 나서는 좀 나아지더라고.

> 결혼한 이후에도 네 할머니가 애기들 데리고 외출했다가 잃어버리고 올까 봐 걱정된다고 말씀하실 정도였어.

와~ 심했네.

> 그래도 살아가는 데 큰 지장은 없었어. 우리 ○○이와 행복하게 잘 살고 있고….

만약 아이가 자신의 단점을 이야기한다면, 그때는 들어 주는 부모가 자신을 닮았다고 해 주세요. 단점을 고치기 위해 노력했다는 점을 덧붙이는 것도 좋습니다. 아이에게는 일상생활에서 일어날 수 있는 자신의 단점이 차츰 나아질 수 있다는 생각을 할 수 있는 계기가 될 수 있습니다. 동시에 솔직한 부모에 대한 신뢰감도 높아집니다.

반면, "대체 누굴 닮아서 그러냐", "집안에 물건 잃어버리는 사람이 너 하나가 아니다", "우리 가족이 잃어버린 우산만 합쳐도 우산 장사를 하겠다" 등 단점을 문제점으로만 부각시키면, 아이의 마음속에는 변화될 수 있다는 생각보다는 열등감이 자리 잡게 됩니다.

그리고 아이의 장점에 대해서는 상대 배우자를 닮았다고 해 주십시오. 이럴 때 이야기를 듣는 부모 자신을 닮았다고 한다면 아이는 자부심보다는 반발심을 갖기 쉽습니다. '으 잘난 척

하시는구나'라거나 '또 원하는 방향으로 나를 끌고 가려고 과한 칭찬으로 부풀리기를 하는 건가?'라는 생각을 하는 것입니다. 그러나 말하는 사람이 자신이 아니라 배우자를 닮았다고 칭찬을 하면 일단 칭찬의 객관성이 보장되기 때문에 아이에 대한 칭찬 효과가 높아지고, 칭찬을 하는 부모의 인간성에 대한 신뢰감도 높아지는 이중 효과가 생깁니다.

> 오늘, 방과 후 연극 수업에서 칭찬받았어요.

그래? 기분 좋았겠네.

> 나는 연극이 좀 재미있더라고요.

네가 아빠를 닮은 것 같아. 아빠가 대학 때 연극 동아리 활동을 했거든. 내 친구가 그 동아리 활동을 해서 자주 놀러 갔다가 네 아빠를 만났지.

> 와~ 아빠 그때 멋있었어요? 어떤 역할 했어요?

멋있었지. 무대 위에 서면 한 인기 했어.

아이가 가진 부족한 점은 '자신을 닮았다'고 말해 주고, 아이가 가진 장점에 대해서는 '상대 배우자를 닮았다'고 말해 주세요. 이런 대화는 부모에 대한 신뢰감을 갖게 합니다. 부모에

대한 인간적 신뢰감은 아이 자신에 대한 자존감을 높여주는
방향으로 작용합니다.

헤어진 엄마(아빠)의 장점을 말해 주세요

"저는 딸이 어렸을 때 아내와 이혼하고 혼자서 딸을 키웠습니
다."

"고생 많으셨습니다."

"우리 딸을 사랑하고 우리 딸이 있어서 행복합니다."

"딸을 사랑하시는군요."

"딸을 잘 키워야겠다는 생각으로 닥치는 대로 여러 가지 일을
했지만, 혼자서 아이를 돌보기가 힘들어 고향 부모님께 맡겨 길
렀습니다. 딸아이가 중학생이 된 지금은 그나마 수입도 안정되
고 형편이 좋아졌습니다. 좋은 여성을 만났고, 새로운 삶을 시
작하기로 약속도 했습니다. 그런데, 요즘 우리 딸과 사이가 좋
지 않아 괴롭습니다. 우리 딸은 자신이 버림받는 기분이 든다고
합니다."

"아이가 중학생이 되었으니 많이 자랐습니다. 다행입니다. 그런
데, 딸이 왜 버림받는 기분이 든다고 말했을까요?"

"제가 새로운 삶을 시작할 여성을 만나서라고 생각합니다."

"아이 입장에서는 버림받는 기분이 들 수 있다는 점을 이해해 주시고 말로 표현도 해 주십시오. 사춘기를 겪으며 자신의 정체성에 대해서 혼란을 느끼는 시기라서 아이 마음도 많이 혼란스러울 수 있습니다."

"요즘은 저와 말도 잘 안 하고 할머니에게도 대들고 반항합니다. 많이 괴롭습니다."

아내와 이혼 후, 어린 딸과 함께 지내던 한 아빠는 아이가 열살 무렵, 다니던 직장이 어려워지면서 다양한 일을 하게 되었습니다. 출퇴근 시간도 불안정해졌고, 어린 딸도 혼자 있는 시간이 많아졌습니다. 아이가 초등학교 4학년 말에 접어들 때쯤, 고향의 부모님과 상의하여 아이를 지역의 소도시로 전학시켰습니다. 그리고 부모님께서 아이를 보살피시기로 결정하였습니다. 그때 아이는 아빠랑 헤어지지 않겠다고 많이 울었다고 합니다.

새로운 곳에서 할머니 할아버지와 살게 된 아이는 초등학교에 다니는 동안에는 학교생활에도 적응을 잘하고 할머니 할아버지와도 잘 지내는 편이었습니다. 그런데, 딸아이가 중학생이 되면서 이상한 친구들과 어울리기 시작했습니다. 할머니

와도 다투기 시작했고 아빠와 소통하기도 어려워졌다는 것입니다.

"아이에게 아이 엄마 이야기를 해 주신 적이 있나요?"

"헤어지고 처음 몇 해는 정기적으로 엄마를 만나기도 했지만, 할머니 집으로 오고 난 후에는 잘 만나지 못했습니다. 아이 엄마도 살기가 힘든지 연락이 끊긴 지 한참 되었습니다."

"딸에게 엄마 이야기를 해 주시면 좋겠습니다. 너의 엄마가 좋은 사람이었고 사랑해서 만났다는 것, 네가 태어났을 때 기쁘고 행복했다는 이야기를 꼭 해 주십시오."

"아이가 잘못될까 봐 걱정이 됩니다."

"아빠가 아이를 사랑하기 때문에 결국 돌아올 것입니다. 아이가 지금 힘들어하는 것은 자신의 탄생이 아빠와 할머니의 인생에 부담을 주었다고 인식하기 때문입니다. 사람은 누구나 자신의 탄생이 다른 사람에게도 행복이 되기를 바라는 마음이 있습니다."

"저는 우리 딸이 너무나 소중합니다."

"지금 아이는 자신만의 아빠를 낯선 새엄마에게 떠나보내는 것도 힘들고 할머니에게 얹혀사는 것도 눈치를 보는 심정이라고 할 수 있습니다. 아빠에게 딸은 어떤 것과도 바꿀 수 없는 소중한 존재라는 사실과 사랑한다는 말을 구체적인 말과 글로 표현을 해 주실 것을 다시 한번 당부드립니다."

"그렇게 하겠습니다."

"한 달에 한 번씩 정기적으로 만나고 영화도 보고 산책도 하면서 삶을 나누는 시간을 꾸준히 진행하겠다고 약속하시고 그렇게 실천하면 좋겠습니다. 아이는 정기적이고 지속적인 만남과 약속을 통해서 아빠에 대한 신뢰감과 자신에 대한 소중함을 인식하면서 잘 성장할 것입니다."

모든 아이는 자신의 탄생이 부모님과 주변 사람들에게도 축복이 되기를 바랍니다. 사춘기를 지나는 이 아이가 가장 힘들어했던 점도 자신의 존재가 가족인 부모와 할머니 할아버지에게도 부담을 주고 있다고 느꼈던 거라고 볼 수 있습니다.

사춘기는 긴 인생으로 보면 전환기라고 할 수 있습니다. 육체적으로 성장하여 새로운 생명을 잉태하고 키울 수 있는 준비를 하고 있으며 정신적으로도 부모에 대한 의존을 벗어나 독립된 생명으로 살아갈 준비를 하고 있습니다. 자아 정체성을 확립해 가는 사춘기 청소년은 자신의 생명의 근원인 엄마와 아빠가 어떤 사람인지에 대한 관심이 높습니다. 그리고 자신이 어떤 과정으로 태어났는지에 대하여 예민하게 반응합니다. 부모님이 자신의 탄생과 관련한 추억들을 소중하게 간직하고 있고, 그것들을 자녀에게 말해 주는 과정을 통해서 자신의 존재에 대한 의미를 부여합니다. 자신이 부모에게 불행의 원인을 제공하는 존재가 아니라, 소중하고 환영받는 존재로 태어났기를 바라는 것입니다.

만약 배우자와 헤어지고 홀로 자녀를 돌보고 키워 온 부모들은 아이가 사춘기가 될 때, 자녀가 어렸을 때보다 소통의 어려움을 더 겪을 수도 있습니다. 아이가 자라서 덩치는 커졌지만, 부모 마음을 이해하고 자신의 마음을 표현하는 능력은 부모의 기대와 생각보다 더디게 성장하기 때문입니다. 이럴 때는 헤어진 배우자의 장점을 얘기해 주어야 합니다.

지금은 헤어졌지만 진심으로 사랑했고 네가 태어나서 행복했고 지금도 너를 사랑하고 함께라서 행복하다는 이야기를 해 주는 것이 좋습니다. 물론 키우며 힘들 때도 있었지만 너의 부모로 살아간다는 것이 행복하고 고맙다는 이야기 등…. 이러한 이야기들은 아이로 하여금 자신의 존재에 대한 소중함을 일깨워 주고 삶을 열심히 살아갈 동기를 부여합니다.

·02·

주인으로 성장하는
대화

"그 문제는 내가 너보다 더 많이 알아봤어."
"이번에는 부모 말 좀 들어."
"네가 세상을 잘 몰라서 그래."

부모들은 자녀의 행복과 학업, 미래에 대해서 너무나 많은 고민을 합니다. 아이보다는 부모가 세상에 대해 좀 더 알고, 아직 아이는 미숙하다는 생각에 정작 아이 자신의 고민보다 부모의 결정을 우선시하는 경우도 있습니다.

하지만 사춘기 청소년도 자신의 행복과 미래에 대해 많은 고민을 합니다. 다름 아닌 자기 자신의 인생이니 당연한 이야기입니다. 겉으로는 아무 생각 없이 사는 것처럼 보여도, 자신의 앞날에 대해 아무 생각 없이 사는 청소년은 없습니다. 부모의 눈에만 다르게 보일 뿐인 셈입니다.

"아직은 너 혼자 결정할 수 없어."

"제발 이번에는 부탁 좀 들어주렴."

"우리가 네 문제로 많이 고민하고 있어. 네 마음대로 하지 마!"

"네가 세상을 잘 몰라서 그래. 그런 일로는 밥 먹고 살기 힘들어."

"어쩌면 그렇게 생각 없이 고집을 부리냐."

"인생이 그렇게 간단하지가 않아."

이런 말과 행동은 모두 아이의 자존감을 떨어뜨리는 말들입니다. 부모 입장에서는 자녀인 당사자의 고민이 작게만 보이고, '우리가 당사자보다 더 많은 걱정과 고민을 한다'고 생각할 수 있습니다. 그래서 흔히 사춘기 자녀의 진로와 학업에 대해 결정할 때, 부모가 많이 알아보고 고민했다는 것을 자랑처럼 강조하기도 합니다.

그러나 부모가 아이의 인생을 결정할 수 있는 주인처럼 말하고 행동하는 순간, 아이는 무력감을 느낄 수 있습니다. '나를 믿지 못하는구나'라는 생각은 인간을 매우 초라하고 비참하게 만듭니다. 자신에 대한 믿음을 갖지 못하고 힘 있는 누군가의 결정에 따르는 일이 반복되면 생활에서 활기와 재미가 사라집니다. 이럴 때 생각 없이 사는 것처럼 '보이던' 아이는 정말로 생각 없이 사는 길에 '들어서기' 시작합니다.

"그래 네가 더 괴롭겠지. 힘내렴."
"너의 문제니까 네가 많은 고민을 했겠지."
"너의 문제니까 네가 가장 힘들 거야."
"네가 할 수 있는 최선의 결정을 하겠지."
"너를 믿어. 우리가 곁에서 끝까지 응원할게."

아이가 실수하거나 실패했을 때, 부모의 마음은 많이 아픕니다. 때로는 자신이 아이보다 더 마음이 아픈 것으로 착각할 수도 있습니다. 그러나 실패와 실수에 대해서 가장 마음 아픈 사람도 당사자이며, 자신의 행복과 미래에 대해서 가장 많은 고민을 하는 사람도 당사자라는 사실을 기억해야 아이를 제대로 도울 수 있습니다.

부모가 아무리 아이에게 정성을 쏟더라도, 아이 자신이 미래의 당사자이며 미래를 결정하는 주체입니다. 어떤 경우에도 이 사실을 잊어서는 안 됩니다. 대화를 할 때도 마찬가지입니다.

부모의 꿈을 자녀에게 얹지 마시라

수업을 마치고 복도를 지나가다가 아이들끼리 하는 이야기를 들었습니다.

> *"우리 엄마(아빠)는 공부밖에 몰라. 내가 집에서도 쉬지 않고 공부만 하기를 바라나 봐."*
> *"너희 엄마(아빠)도 그러니? 우리 엄마(아빠)도 그런 편이야."*
> *"그렇게 공부가 좋으면 본인들이 좀 하시든가. 인생 100세 시대라는데…."*

아이들의 표현이 참 당돌하지요?

그런데 한편으로는 일리가 있는 측면도 있습니다. 부모는 보통 자신의 꿈을 아이에게 투영합니다. 그러기 위해 자신이 하고 싶은 일은 억누르는 경향이 있습니다. 부모는 자식이 잘하기만을 바랍니다. 자신이 못했던 것도 자식은 더 잘하기를 바라는 마음이 있기 때문에 아이들이 부담감을 가질 수도 있습니다. 사춘기 청소년과 부모들이 가장 많이 다투는 문제입니다. 이럴 때, 요즘 아이들은 자기 생각을 거침없이 부모님에게 표현하는 경향이 있습니다.

"그렇게 공부가 좋으면 엄마나 아빠가 공부하세요."
"왜 자꾸 강요하시는데요. 저도 다 생각이 있다고요."

이럴 때, 부모들은 놀라서 다그칠 수 있습니다.

"엄마(아빠)한테 왜 그래."
"다 너 잘되라고 하는 말이야."

지나치게 흔하게 쓰이는 이런 말들은 아이에게 설득력이 없습니다. 자신을 위한 말이 아니라 부모 자신의 꿈을 강요한다는 느낌이 들기 때문입니다.

사춘기 청소년은 '부모의 희망 사항이나 꿈을 자신에게 강요하고 있다'고 생각할 때 엇나가는 태도를 갖기 쉽습니다. "저는 관심없거든요"라고 냉랭하게 말하기도 합니다. 이럴 때일수록 감정적으로 대응하기보다는 아이와 함께 생각하는 시간을 갖는 방식으로 대화를 전환하는 것이 좋습니다.

"엄마(아빠)도 공부가 전부라고 생각하지는 않아. 그저 필요하다고 생각하니까 말했던 것인데 너에게 부담이 될 수 있다는 것을 미처 생각하지 못했구나. 미안해."

"사실, 우리도 부모 공부를 좀 해야 할 필요성을 느끼고 있어. 우리 ○○이가 많이 컸기 때문에 부모로서 더 많이 이해해 주어야 한다고 생각하는 중이거든. 어느새 이렇게 많이 컸구나. 고마워."

"○○이가 좋아하는 것을 지지해 주고 싶어. 네가 좋아하는 것이나 너의 생각을 솔직하게 말해 주면 좋겠어. 사랑해"

그런데, 한번 돌아선 아이는 이 정도 말을 한다 해도 순순히 대화하거나 자신의 속마음을 밝히지 않습니다. 뚱하고 말을 하지 않고 있거나, "대체 나한테 왜 그러는데요!"라며 불만을 제시합니다. 이럴 때는 정말 섭섭해져서 이렇게 말이 안 통하는 아이를 따끔하게 훈육해야 하지 않을까 하는 갈등을 느낄 수도 있습니다.

그러나 화를 내거나 한숨을 쉬거나 노려보지 말고, 한 박자를 쉬는 것이 필요합니다. 아이의 꿈은 아이가 이루는 것이고 나의 꿈을 아이에게 얹지 않겠다고 분리하는 노력이 필요합니다. 아이가 마음에 들지 않고 밉게 느껴지는 순간에도 즉각적으로 반응하거나 질책하는 말을 쏟아 내지 않고 한 박자를 쉬는 것이 일상에서 이루어진다면 아이는 자신이 존중받고 있다는 생각을 하게 됩니다.

밉살스런 행동도 부모를 싫어하거나 거부하는 것이 아니라 사춘기 청소년의 힘겨운 상황을 반영하는 표현이라고 이해해 주시면 좋겠습니다. 그리고 이렇게 말해 주세요.

"○○이랑 다음에 이 문제로 한번 이야기를 나눴으면 좋겠네."
"우리 빠른 시간 안에 이런 이야기를 나누는 기회 만들어 보자. 내가 데이트 신청할 때, 거절하지 말아 줘."

자녀가 어른들 이야기에 끼어드는 경우

"네 일이나 잘해."
"어른 일에 참견하지 마."
"그 시간에 공부나 해."

어른들이 집안 걱정을 할 때, 아이가 끼어들어 자기 의견을 말하는 경우가 있습니다. 아이 스스로 많이 자랐다는 생각에 나타나는 행동입니다. 일상생활에서 자신의 의견을 거침없이 말하기도 합니다. 어른 입장에서는 뭘 모르는 데 끼어들거나 말대꾸를 하는 모습이 탐탁지 않을 수도 있습니다. 그렇다고 질책하거나 버릇없다고 혼내지는 마세요. 아이 입장에서는 가족 구성원으로서 고민한 끝에 자신의 의견을 말하는 용기를 낸 것입니다.

솔직히 집안이 무탈해야 자신도 안정감 있게 성장할 수 있으니 걱정도 되고 관심이 있는 것입니다. 많이 컸다고 칭찬해 주는 것이 필요합니다. 많이 성장해서 아는 것도 많아지니까 문제를 해결하기 위한 의견도 내는 것입니다.

부모와의 대화에 끼어든다고 방에 들어가라고 질책하거나 버릇없다고 혼내기 전에 아이의 의견을 물어봐 주시고 많이 컸다고 격려해 주세요. 가족의 문제에 대한 아이의 고민을 존중해 주면서 가족의 일원으로 책임감을 높이는 계기로 만들어 갈 수 있습니다.

"그래 그런 생각도 할 수 있겠구나."
"좋은 생각이야 고민을 좀 넓혀 보자."
"그 문제는 자세히 좀 말해 줄래?"

사춘기는 부모의 품을 떠나 세상으로 들어가는 훈련을 하는 시기입니다. 가정 밖에서 벌어지는 일들에 관심을 갖고 탐색하면서 자신에 대한 정체성을 찾기 위해 노력합니다. 친구들과 만나고 사회 공동체에 관심을 가지며 자신의 행동이나 생각을 옆 사람과 빗대어 보기도 합니다. 그리고 세상에서 자신이 어떤 존재인지 생각하면서 많이 흔들리고 방황하는 시기이기도 합니다.

> "우리도 그 방법을 생각해 보았는데 여러 가지 문제가 얽혀 있어서 간단하지 않네. 그렇게 하기에는 이해받지 못할까 봐 걱정이야."
> "왜 그런 일이 생긴 걸까?"
> "그래서, 너라면 어떻게 하겠어?"

사춘기 청소년은 부모의 보호만을 원하지 않습니다. 자신의 한 발짝을 부모가 잘 들어 주고 눈 맞추며 응원해 주면 생각도 많아지고 자신에 대한 자부심도 커집니다. 아이에 대한 보호와 돌봄을 넘어서 아이의 말에 귀를 기울이고 친절하게 말하는 대화법을 배우고 실천하는 것이 필요합니다.

· 03 ·

반대 의견을 존중해야
안전한 관계

"제 생각은 달라요."

"그건 아니라고 생각합니다."

"싫은데요."

부모는 아이의 반대 의견에 익숙하지 않습니다. 나름대로 아이를 생각해서 낸 의견이나 호의를 담은 제안에 대해 아이가 즉각 반대하거나 싫다는 의사 표현을 하면 당황하게 됩니다. 부모 입장에서는 큰 문제가 없고, 아이에게도 좋을 거라 생각하며 제안했는데, 아이가 단번에 거절하면 퍽 섭섭한 마음이 들 수도 있습니다.

하지만 흔들리는 부모의 마음만큼, 이런 말을 하는 아이의 마음도 편하지는 않습니다. 부모 입장에서는 당돌하고 버릇없게 느껴질 수 있지만, 사춘기 청소년인 아이의 입장에서는 큰 용기를 내어 거절했다는 점을 이해해 주면 좋겠습니다.

　말을 꺼내고 반대 의견을 들을 때까지의 시간, '즉각'이라고 느껴지는 부모의 시간 동안 아이의 마음속에서는 수많은 생각이 오고 갑니다. 그와 함께, '정말 이렇게 거절해도 되는 걸까'라는 고뇌하는 순간들이 있었을 것입니다. 한편으로는 아이에게 어른의 생각과 다른 자신의 생각이 있다는 것은 고마운 일입니다. 사춘기는 어린아이가 아니라 많이 성장했다는 증표입니다.

　사춘기 청소년은 자신의 생각이 부모와 다르다고 말할 때, 대체로 '많은 용기가 필요하다'고 말합니다. 우리 사회와 학교에서나 고분고분하고 순종적인 학생이 칭찬받고 환영받는 경향이 있다는 사실은 열 살만 넘어도 알 수 있습니다.

　부모와 교사에게 자신의 의견을 솔직하게 표현하고, 그들의 의견에 반대 의견을 말할 수 있는 사람이 어른이 되어서도 상대방을 존중하는 민주적인 관계를 만들어 갈 수 있습니다.

"그렇게 생각하는구나. 말해 줘서 고마워."

"나에게는 우리 ○○이 생각이 가장 중요해."

"네가 어떻게 생각하는지 좀 더 자세히 말해 줄 수 있겠어?"

사춘기 청소년은 부모에게 솔직하게 반대 의견을 표현해도 안전한 관계를 유지할 수 있다는 사실을 자주 경험할 수 있어야 합니다. 부모의 생각과 반대 의견을 말해도 부모가 경청해 주면, 이러한 경험을 통해서 부모와 자녀는 서로 인간적으로 신뢰하면서 대등한 관계로 성장할 수 있습니다.

어른이나 상급자의 의견에 반대하는 말을 하기 위해서는 누구나 많은 용기와 고민을 하게 됩니다. 사춘기 청소년이 자기 의견을 소신 있게 말할 수 있도록, 대등하게 존중해 주세요.

한번 안아 봐도 될까?

이쁜 우리 딸(아들) 한번 안아 봐도 될까?

싫은데요.

보통 부모가 자녀에게 애정을 표현할 때는 일방적이어도 된다고 생각하는 경향이 있습니다. 동의 없이 안고 쓰다듬는 일을 '단란한 가족'의 증표로 여기며 자랑거리로 삼는 부모들도 종종 보게 됩니다. 하지만 사춘기는 '내 인생의 주인은 나'라는 생각이 가장 많이 성장하는 시기입니다. 일상생활에서도 자신이 결정권을 갖고 있다는 사실을 확인해 주는 대화를 경험하는 것이 필요합니다. 사랑하니까 부모 마음대로 덥석 안아 주는 것보다는 어린 시절부터 의견을 물어보면서 아이의 자기 결정권을 행사할 수 있는 기회를 갖는 것이 주인으로 성장하는데 도움이 될 수 있습니다.

그런데 일방적이지 않은 관계가 늘 그렇듯, 이러한 시도는 거절의 말로 돌아오는 경우가 많습니다. 특히 사춘기 자녀들은 부모가 자기 기분에 따라서 안으면 "친한 척하지 마"라며 경고를 보내기도 합니다. 예의를 갖추라는 정중한 표현입니다. "이쁜 우리 딸(아들) 한번 안아 봐도 될까?"라며 정중한 제의를 건네도. "싫은데요"라는 즉답이 종종 날아오곤 합니다. "왜?"
라고 다시 물어도 "그냥"이라는 짧은 대답만 되돌아올 뿐입니
다. 이럴 때는 당황하지 말고, 그저 이렇게 부드럽게 말하면 됩
니다.

"다음에는 기회를 주세요. 사랑해."

대체로, 사춘기 청소년은 거절할 기회를 주면 거절합니다.
때로는 상대방의 진의를 탐색하기 위해 일부러 거절하기도 합
니다. 이때 왜 거절하느냐고 물으면 대체로 "그냥"이라고 대답
하면서 경계심을 갖습니다. 자녀에게 질문을 한 뒤 막상 아이
가 부모의 제안이나 의견에 대해서 거절하면 당황할 수 있습
니다. 아이에게 거절하는 이유를 묻기도 하고 은근히 화를 내
는 경우도 있습니다. 지금의 부모 세대들은 성장 과정에서 부
모의 의견이나 제안을 대놓고 거절하지 않고 생활했기 때문
에 거절하는 문화 자체가 익숙지 않은 것입니다. 왜 거절하느
냐고 자꾸 물어보거나 불편해하면 아이들은 정작 자기 선택을
해야 하는 경우에 침묵할 수 있습니다. 사춘기 청소년은 자기
의견을 당당하고 정중하게 표현할 수 있는 사람으로 성장해야
합니다.

질문을 하는 일에도, 거절을 당하는 일에도 아이와 어른 모두 익숙해져야 합니다. 아이에게 의견을 물을 때는 거절해도 된다고 미리 말해 주는 것도 방법입니다. 아이가 거절하는 마음을 표현한 후에, 다음 대화를 부드럽게 연결하는 것은 부모의 몫입니다. 평소에는 묵묵히 부모의 의견을 잘 따르는 아이도 의견을 물어보고 거절해도 괜찮다는 사실을 알려 주면 자신의 의견을 솔직하게 밝히는 경우가 늘어납니다.

이쁜 우리 딸(아들) 한번 안아 봐도 될까?

싫은데요.

왜?

그냥. 지금은 그럴 기분이 아니라서요.

존중. 그럼 언제 가능해?

글쎄요.

나는 우리 ○○이를 너무 사랑하니까, 일주일 내로 안아 볼 수 있도록 허락 좀 해 줘요.

알았어요. 생각 좀 해 볼게요.

내 일에 간섭하지 마세요

"말끝마다 자기 일에 간섭하지 말라고 하는데, 정말 간섭하지 말고 그냥 지켜보기만 해야 할까요?"

"자기가 알아서 한다는데 뭘 알아서 한다는 건지 걱정입니다."

이런 경우에는 아이를 책망하는 말이 가장 어려움을 줍니다.

"네가 언제부터 알아서 했는데?", "지난번에도 알아서 한다 하고 못했잖아?"라고 책망하는 것은 문제 해결에 도움이 되기 어렵고 관계만 나빠질 수 있습니다. 자녀 입장에서는 부모님이 자신을 불신하고 있다는 생각으로 저항감을 가질 수 있습니다.

본인이 알아서 하겠다고 말하는 것은 일단 좋은 현상입니다.

"엄마가 하라는 대로 할게", "이제 엄마가 시키는 대로 뭐든지 할게"라고 말하는 아이는 거의 없습니다. 혹시나 아이가 그런 말이나 태도를 취한다면 정말 걱정해야 할 상황이고, 부모가 많이 반성해야 할 상태라고 할 수 있습니다.

"알아서 하겠다니 고마워."

"네 인생을 가장 많이 고민하는 사람도 너라고 생각해."

"너의 결정을 존중하도록 노력할게. 다만, 어떤 계획을 세우고 있는지 미리 말해 주면 좋겠어. 네가 하는 일을 돕고 싶거든. 사랑해."

이렇게 말한 다음 이야기를 들어 보고 지금 하고 있는 것과 하고 싶은 것들을 기간을 정해 함께 검토해 보세요. 칭찬도 듬뿍 해 주는 것이 좋습니다.

예를 들어 아이가 다니던 학원을 끊고 스스로 공부하겠다는 얘기를 한다고 가정해 봅시다. 이때, "언제 네가 스스로 했다고"라며 비난하는 말을 하거나 "지켜볼 텐데, 안 되면 내 말 들어야 한다"라는 식으로 부정적인 예측과 강요의 말을 하지 않는 것이 중요합니다. 아이의 문제를 함께 고민해 주고 격려하며 아이 스스로 자신의 일이라고 생각하고 노력하는 점을 발견해서 적극 칭찬을 해 주어야 합니다.

"알아서 하겠다니 고마워. 스스로 할 수 있도록 기본 계획을 세워 보자. 나도 도울게."

이때, 기본 계획을 세우는 과정을 지켜보고 응원합니다.

"두 주일 후에 함께 검토해 보기로 해. 파이팅!"

이때, 격려를 해 주고, 검토하는 날짜와 시간을 정해 달력에 표시합니다.

그리고 두 주일 후에는 약속된 시간에 진행 과정을 함께 검토합니다. 그 과정에서 칭찬할 점을 찾아 듬뿍 칭찬해 주고 다음 검토일을 약속합니다.

아이에게 필요한 것은 자신에 대한 믿음입니다. 부모가 자신을 믿고 자신의 선택을 지속적으로 응원해 주면서 관심을 갖는 것이 아이에게는 필요합니다. 부모님이 언제나 아이를 사랑하고 있으며 아이를 믿어 주려고 애쓴다는 것, 아이를 돕기 위해 구체적으로 노력하고 있다는 사실을 아이가 느낄 수 있도록 친절하게 대화하고 구체적으로 지원하는 시간을 갖는 것이 중요합니다. 부모의 가치관과 기대, 선호에 따른 역할이 아니라 스스로 좋아하는 것을 찾고 자신을 사랑할 수 있도록 말해 주는 것입니다. 아이가 자신을 아끼는 방향으로 선택하면서 살아야 행복한 삶을 살 수 있기 때문입니다.

안전이 제일 중요합니다

"일찍 들어와라."
"늦으면 늦는다고 전화 좀 하렴."
"전화를 왜 안 받는 거냐."

부모는 자녀의 안전을 걱정하여 여러 가지 요청도 하고 약속도 합니다. 그런데, 사춘기 청소년은 부모의 걱정들을 자신을 못 믿거나 통제하기 위한 잔소리로 받아들이는 경향이 있습니다.

부모가 아이의 안전이 걱정하고 염려하는 것이라는 점에 대해서 별도로 친절하게 말해 주어야 합니다. 자녀의 의견을 존중하고 지원하지만 안전과 관련한 문제는 언제나 부모와 상의해 달라는 것, 아직 완전한 성인이 아니기 때문에 부모는 자녀를 안전하게 지키기 위해서는 언제나 어디든 달려갈 준비가되어 있다는 점을 자주 말해 줄 필요가 있습니다.

늦은 시간에 친구와 약속을 잡고 나가는 경우에도 "언제 올 것인지 말해", "왜 늦은 시간에 나가서 신경 쓰게 하느냐"라고 다그치지 말고, 걱정이 된다는 점, 필요하면 꼭 도움을 요청하라는 점들을 친절하게 말하고 약속하는 것이 필요합니다.

사춘기 청소년은 어려움에 처해도 부모를 걱정시키지 않겠다며 허세를 부리거나 부모에게 폐가 될까 망설이는 경우가 있습니다. 이를 대비해 평소에 이런 이야기들을 해 두는 것입니다.

네가 건강하고 안전하게 성장하는 것이 가장 중요해.

제가 알아서 할게요.

사람은 혼자 힘으로 살 수 없단다. 그래서 사회적 안전장치를 마련해 두는 것이지. 119나 경찰, 상담소, 병원 등이 바로 우리에게 도움을 주기 위한 사회적 안전장치라고 할 수 있어.

알아요. 제가 무슨 어린아이도 아니잖아요.

이렇게 많이 커 줘서 고마워. 그런데, 우리 어른들도 혼자 힘으로 해결하기 어려운 일이 많단다. 가끔 나도 '내가 어려울 때 누구에게 연락할까? 만약 가족이 연락이 안 되면 누구랑 의논하면 도움을 받을 수 있을까?' 하는 생각을 하고 구체적으로 가까운 사람을 정해 보기도 했어.

남에게 민폐가 되고 싶지는 않아요.

부모는 예외로 해 주세요.

....

우리에게 너의 안전보다 중요한 것은 없단다. 우리는 언제나 너를 안전하게 지키기 위해 세상 끝까지라도 달려갈 준비가 되어 있어. 항상 너를 믿고 존중하지만, 너의 안전 문제라면 다르지. 무조건 도움을 요청했으면 좋겠어. '도움을 요청하겠다'고 약속해 줘.

도움을 요청할게요. 약속해요.

고마워. 사랑해.

부모도 거절할 수 있어야 안전한 관계

"부모는 아이의 말에 거절하면 안 되나요?"

아이와의 관계에서 부모도 마음의 상처를 받거나 괜찮을 수 없는 상황에 처할 수 있습니다. 그럴 때 아이가 "괜찮아요?"라고 물었는데, 괜찮다고 말하고 나면 겉으로 내색은 못 해도 속으로는 마음이 찜찜합니다. 이럴 때는 어떻게 말하면 좋았던 걸까요?

꼭 아이와의 대화가 아니더라도, 정중하면서도 솔직하게 자신의 마음을 표현하는 것은 중요합니다. 상대방의 기분도 중요하지만, 정작 자신의 감정을 외면해서는 상대방과도 좋은 관계를 유지할 수 없습니다. 이런 경우에는 "이해는 하지만 기분이 좋지는 않습니다"라고 부드럽지만 정중하게, 솔직한 자신의 마음을 표현하는 것이 좋습니다. 그런데 이런 방식을 사춘기에 들어선 아이와의 대화에 써도 괜찮을까요?

"우리 아이는 자신이 실수를 하거나 문제를 일으키고 난 후에 '엄마 괜찮냐?'고 꼭 물어보곤 합니다. 그럴 때마다 엄마는 괜찮다고 말할 때가 많은데요. 사실 마음은 편치 않더라고요. 그럴 땐 어떻게 말해 주면 좋을까요?"

이럴 때도 정중하면서도 솔직하게 자신의 마음을 표현하는 것은 중요합니다. 딱히 혼을 낼 생각은 없지만 좀 더 주의를 기울이면 좋겠다는 마음을 솔직하게 표현하는 것이 엄마 마음이 편할 수 있습니다. 이런 경우에는 "너의 진심을 알고 상황도 이해하지만 기분이 좋지는 않네" 정도로 말해 주시면 어떨까요? 아이가 죄송하다고 말하면 "일부러 그런 것도 아니니까 이해할게"라고 말하며 "사과해 줘서 고맙다"는 말도 붙여 줍시다.

부모도 자녀의 말이나 행동에 상처를 받을 수 있습니다. 내 아이라 할지라도 예의 없는 행동으로 마음이 상했다면, 부드럽고 솔직하게 의견을 표현할 필요가 있습니다.

우리는 보통 일상적으로 만나야 하는 상대에게는 불편한 자신의 심정을 표현하기를 부담스러워하는 경향이 있습니다. 기분이 안 좋은데 괜찮다고 말하고 나면 정작 내 마음이 불편해집니다. 따라서 부드럽고 솔직하게 표현하는 것이 필요합니다. 아이들은 부모의 이러한 대화를 통해서 자신의 마음을 솔직하게 표현하는 방법, 거칠지 않게 거절하는 법 등을 배우게 됩니다.

자녀의 무리한 요구 거절하기

"너를 위해 뭐든지 해 줄 수 있어."
"너는 그저 공부만 열심히 하면 된다."

부모에게 자녀는 소중한 존재입니다. 자녀의 미래를 위해서라면 뭐든 다 해 주고 싶은 책임감을 느끼기도 합니다. 하물며 미래에 도움이 되는 공부나 시험이 걸린 일이라면 현실의 장벽쯤은 잠시 미뤄도 좋지 않을까 하는 생각을 할 수도 있습니다.

하지만 부모가 아이와 대화할 때, 할 수 있는 것을 "할 수 있다"고 말하고 할 수 없는 것은 "어렵겠구나"라고 말하는 것은 필요한 일입니다. 보통 무리한 부탁을 하는 경우에는 청소년도 이 부탁이 이루어지기가 쉽지 않다는 사실을 예측하고 있습니다. "너는 아무 걱정하지 마라. 내가 다 해 주겠다" 또는 "너는 공부만 열심히 해라. 우리가 필요한 것은 다 해 주겠다"라는 말에 감동하며 부모가 바라는 대로 노력하는 시기는 지났습니다. 사춘기 청소년은 세상에 대해서 퍽 많은 것들을 알고 있는 시기입니다.

사춘기 청소년은 집안의 상황이나 부모의 사회·경제적 조건들에 대해 부모의 예상보다 더 많은 것을 알고 있고, 이해도 하고 있습니다. "못 해 줄 게 없다"라고 한들 그 말이 진실이 아니라는 것쯤은 판단할 수 있는 나이인 셈입니다. 심지어 이렇게 허세를 부리는 부모를 안쓰럽게 여길 수 있는 정도로 성장하였습니다.

오히려 집안의 현실, 부모가 처해 있는 어려움에 대해 솔직하게 공유하면서 충분하지 않지만 항상 자녀를 사랑하고 더 잘해 주고 싶어서 노력하고 있다는 점을 말해 주는 편이 더 낫습니다. 서로의 신뢰감을 높이고 문제를 객관적으로 볼 수 있는 힘을 기르는 대화라고 할 수 있습니다.

"노력해 보겠지만 쉽지는 않을 것 같다."

"노력해도 그건 어렵겠다. 다른 방법을 찾아보자."

"네가 원하는 대로 해 주고 싶지. 어렵지만 노력하고 있어."

"네가 더 많이 배우고 새로운 경험을 할 수 있도록 함께 노력해 보자."

나 성형해 주면 안 될까요?

사춘기 청소년과 함께 외출하기로 한 날에는 많은 기다림이 필요합니다. 거울을 보고 또 보고 머리를 감고 다듬고 자신을 들여다보며 가꾸느라 시간 가는 줄 모릅니다. 이럴 때는 빨리 가자고 재촉을 해도 소용이 없습니다. 그저 기다려 주고 이쁘다고 감탄을 해 주는 것이 좋습니다.

청소년기는 생애를 통틀어 외모에 가장 많은 신경을 쓰는 시기입니다. 거리에 나가도 다른 사람들의 시선을 의식하는 정도가 아니라 아예 모두가 자신을 보고 있다고 생각합니다. 이런 정도가 일정 수준을 넘으면, 연예인들의 외모를 흉내 내고 싶어 하기도 합니다.

"나 성형해 주면 안 될까요?"

사춘기 자녀가 이런 질문을 하면 부모 마음은 어떨까요? 이 질문에는 성형을 하고 싶다는 희망 사항이 담겨 있습니다.

"이쁘기만 하네."
"돈이 어디 있냐?"
"너 자신에게 자신감을 가져."
"사람은 생긴 대로 살아야 복을 받는 거야."

대부분 예상했을 이런 답변은 자녀의 희망 사항을 부정하고, 다음 단계로 대화를 이어 가기 어렵게 하는 닫힌 대화라고 할 수 있습니다. 대화가 지속될 수 있도록 말을 이어 가고 열어 가는 대화가 필요합니다.

> 나 성형해 주면 안 될까요?

성형할 수도 있다고 생각하는구나.

> 예.

어디를 고치고 싶어?

> 음~ 코.

> 왜?

> 오똑하게 섰으면 좋겠어.

> 그렇구나. 나는 지금의 네가 너무 이쁜데, 네 생각은 다른 거구나. 그럴 수 있겠지. 그런데, 이 문제는 스무 살 넘어서 다시 검토하면 어떨까?

> 왜?

> 지금은 네가 성장하는 중이니까 조금 더 크면 많이 달라질 수 있어. 몸도 커지고, 스타일에 맞는 복장과 화장도 달라질 수 있고…. 그러니 스무 살쯤 되어서도 꼭 성형이 필요하다고 생각하면 그때 다시 검토하면 어떨까?

중요한 것은 대화가 끊어지지 않고 계속해서 생각을 나눌 수 있도록 하는 것입니다. 이런 방식으로 부모가 아이에 대한 사랑과 관심을 표현하면서 대화를 이어 가면 서로의 생각을 이해하게 되고, 서로에 대한 믿음이 깊어질 수 있습니다. 그리고 대화를 통해서 부모의 경험과 의견을 말하면서 자녀의 생각이 깊어질 수 있도록 기회를 제공할 수도 있습니다.

사춘기 자녀가 가끔 진지하게 희망 사항을 말하는 경우가 있습니다. 꼭 실행에 옮기겠다는 의지가 없어도 다양한 상상을 하면서 말하는 것입니다. 그럴 때마다 옳고 그름을 따져서 훈계를 하기보다는 아이의 마음을 읽어 주고, 생각을 일부 허용해 주면서 다음에 해결할 수 있는 과제로 제시하는 방식으로 대화를 진행하는 것이 부모와 자녀의 심리적 부담을 줄여 줄 수 있습니다.

명품 갖고 싶다는 아이와의 대화

명품과 짝퉁을 구별하는 문화가 아이들에게도 스며들고 있습니다. 신발, 가방 등 명품을 무조건 부러워합니다. 아무리 겉보다는 속이 꽉 찬 사람이 되어야 한다고 말해도 "우리가 능력이 안 돼서 그러는 거지? 그래도 나는 명품 가지고 싶어"라고 말하는 아이에게 어떻게 대처하면 좋을지 난감할 수 있습니다. "이제 철이 좀 들 때도 되었건만…", "고생해서 키웠더니…"라며 짜증을 내고 싶은 마음도 들겠지만 그렇게 해서는 대화가 이어지지 않습니다.

사춘기 아이가 명품을 원하는 것을 꼭 아이만의 탓으로 돌리기는 어렵습니다. 사회의 소비 지향적인 문화가 아이들의 삶에 영향을 끼치고 있기 때문에 그것이 사춘기에 접어든 내 아이의 문제로 드러나게 된 것입니다. 그러니 이건 단순히 아이만의 문제라기보다는 사회적인 문화를 바꿔 가야 하는 문제의식과 함께 접근해야 합니다. "그런 건 안 돼"라거나 "그건 잘못이야"라고 넘어가기보다는 이러한 문제를 아이와 함께 생각해 보고 대화하는 계기로 삼는 편이 좋습니다.

우선은 쿨하게 아이의 욕구를 인정해 주고 나서 다음 대화를 진행해 나갑니다. 두 가지 유형의 대화가 가능합니다. 아이의 성향에 따라서 대화의 유형이 달라질 수 있습니다.

첫 번째 유형

나도 명품을 갖고 싶어요.

명품? 특별히 갖고 싶은 품목이 있어?

응. 갖고 싶은 것 있어요.

그게 뭔데?

말해서 무슨 소용이 있겠어요.

어차피 우리 형편에는 살 수도 없는데….

우리 ○○이가 간절히 원하는 것이라면 한 가지 정도는 구입해 볼까?

네가 용돈을 모아서 사겠다면 나도 좀 보태 줄게.

용돈을 모아서 어떻게 500만 원을 모아요.

그렇게 비싼 거야? 나는 명품이 하나도 없는데….

갑자기 우리 ○○이가 명품 가진 다른 부모를 좋아하고 이 엄마를 싫어하면 어쩌나 하는 걱정이 생기네.

됐어요. 엄마.

그리고 무슨 명품 가진 다른 엄마를 좋아할까 봐 걱정을 하고 그러세요.

나도 좀 소심한 면이 있으니까, 우리 ○○이가 엄마를 안 좋아할까 걱정이 되거든.

명품 때문에 누가 자기 엄마를 싫어하겠어요. 내가 어린애도 아니고….

우리 ○○이는 명품이 없어도 이 엄마를 싫어하지는 않는다는 것이지? 고마워.

….

나는 우리 ○○이가 있어서 세상 어떤 엄마도 부럽지 않아. 사랑해.

두 번째 유형

나도 명품을 갖고 싶어요.

명품? 특별히 갖고 싶은 품목이 있어?

가방이요.

꼭 갖고 싶으면 네가 용돈을 모으고 엄마 아빠도 좀 보태 줄게. 우리 ○○이가 간절히 원하는 것이라면 한 가지 정도는 구입해 볼까?

용돈이라고요? 용돈을 모아서 어떻게 500만 원을 모아요.

와~ 그렇게 비싼 걸 사람들은 왜 갖고 싶어 할까?

이쁘잖아요.

그래 이쁘겠지. 그런데 돈이란 것은 여러 가지 용도로 쓸 수 있어. 500만 원이라면 한 달에 10만 원씩 모으면 4년 걸리는 거야.

가방 하나에 그렇게 많은 돈을 지출할 필요가 있을까? 나는 돈이 있다고 해도 가방이나 옷을 그렇게 비싼 걸 사고 싶지는 않아. 그냥 가방은 뭐 색깔 이쁘고 튼튼한 것으로 사고, 우리 ○○이랑 하고 싶은 것을 할 것 같아.

하고 싶은 것이 뭔데요?

여행을 가고 싶어. 국내 여행은 물론이고 세계 여행도 너랑 같이 가고 싶어. 네가 성인으로 자라기 전에 너랑 여행 다니며 추억을 많이 남기고 싶어. 나는 우리 ○○이가 우리에게 와 주어서 어린 너를 키우면서 사람이 얼마나 귀하고 소중한 존재인지를 알게 되었어. 작고 어린 너를 볼 때마다 너무 이쁘고 행복했거든. 이렇게 많이 커서 더욱 든든하고 고마워. 네가 있어서 내 인생이 다행이야. 사랑해.

사춘기 청소년은 자기 집의 경제 상황도 잘 알고 있고, 세상 일에 대해서도 옳고 그름에 대한 인식을 갖고 있기 때문에 아이의 말과 생각에 관심을 갖고 대화하기 시작하면 생각이 깊어집니다. 그리고 대화를 주고받으면서 생각을 정리하기도 합니다. 삶을 살아가는 데 가장 소중한 것이 무엇인지에 대한 방향성을 잃지 않고 자신에게 유익하고 자신을 즐겁게 하는 것들에 대해서 의미를 부여하는 힘을 갖게 됩니다.

사춘기 청소년이 부모와 다양한 문제들과 소재를 가지고 대화를 나누는 시간을 갖는다면 서로 애정도 깊어지고 신뢰감을 높이는 시간을 가질 수 있을 것입니다.

행복한 삶이 중요합니다

"우리 아이는 꿈이 없어서 걱정입니다. 아직 딱히 좋아하는 일
도 없고, 잘하는 것도 없어서 걱정입니다."
"아이가 행복하게 살기 위해서 어떤 직업을 갖는 것이 좋을까
요?"
"장래 직업을 일찍 결정해야 필요한 준비를 더 할 수 있고, 전문
적인 방향으로 공부할 수도 있지 않을까요?"

자녀의 진로 교육과 관련해서 이런 질문을 자주 받습니다.
그런데, 진로(進路)라는 단어의 사전적인 의미는 '앞으로 나아
가는 길'이라고 정의됩니다. 따라서 진로 교육은 직업을 정하
는 교육이 아니라 행복한 삶을 추구하는 교육이라고 할 수 있
습니다. 그러니 아이가 가져야 할 직업보다는 우리 아이가 어
떤 문제에 관심을 갖고 어떤 활동을 할 때 즐겁게 몰두하는지
에 대하여 '관찰하고 대화하기'를 권하고 싶습니다.

"너무 빨리 직업을 결정하지 않아도 됩니다."
"직업이 아니라, 삶에 대한 태도가 행복을 결정합니다."

사춘기 청소년이 다양한 분야를 경험하면서 자신이 좋아하는 것을 찾는 기회가 많았으면 좋겠습니다. 여러 지역을 여행하고, 악기도 배우고, 그림도 그리고, 춤도 추고, 공연에 참가해 보기도 하면서 삶을 재미있게 살아가는 힘을 기르는 것이 중요하지 않을까요?

　마음에 맞지 않는 일을 하느라 오늘도 번민하는 어른들을 주변에서 쉽게 찾을 수 있습니다. 좋을 것 같던 일이 정작 오래되면 자신에게 맞는 일이 아니었다고 깨닫는 경우도 종종 볼 수 있습니다. 사춘기 청소년에게 일정한 직업이나 꿈은 천천히 가져도 된다고 열어 놓아도 됩니다. 지금 행복하고, 배우고 싶은 것을 즐겁게 배우는 것이 가장 중요합니다.

　삶이 즐거운 사람들은 관심 분야가 넓어지고, 여러 가지 체험을 하고 탐구합니다. 그런 과정에서 자신이 흥미를 느끼는 분야를 집중적으로 배우기도 합니다. 그것이 자신의 직업이 되고 방향이 될 수도 있습니다. 반면 한 분야에 깊게 파고들어 매진하는 것에 매력을 느끼는 사람도 있습니다. 그러나 어느 길이든 그것은 자신의 선택입니다. 다만 어릴 때부터 어떤 직업이나 성취 목표만을 강조하기보다는 삶의 가치를 발견하고 서로 배우는 것을 즐거워하는 경험을 많이 가졌으면 좋겠습니다.

· 04 ·

용돈의 지급 방식과
자존감

사춘기 청소년은 사회적으로 독립하는 것이 목표이며 과제입니다. 부모와 보내는 시간보다 친구들과 보내는 시간이 늘어나고, 가정에서보다 지역 사회와 학교에서 보내는 시간이 늘어나면서 나름대로 경제 활동을 하는 시기라고 할 수 있습니다. 크고 작은 생활 필수품이나 게임 콘텐츠등 여러 물품을 구입할 수도 있고, 친구들과 분식집에서 떡볶이 등을 먹거나 아이스크림을 사서 함께 먹는 등 돈이 필요해집니다.

사춘기 청소년이 아직 돈을 버는 경제 활동은 할 수 없지만, 친구 관계를 유지하거나 학교생활 등 기본적인 사회생활을 유지하는 비용을 지출하는 것은 꼭 필요한 경제 활동입니다. 사춘기 청소년이 부모로부터 용돈을 어떻게 받고 어떻게 쓰는가의 문제는 부모와 자녀와의 관계에 영향을 끼치는 중요한 문제이며 경제 활동을 경험하는 학습 과정이라고 할 수 있습니다. 중학교 1학년들과 용돈을 받는 방식에 대해 이야기를 나누었습니다.

> "매달 정해진 날짜에 일정 금액을 정기적으로 받습니다."
> "저는 친척들과 만날 때 받는 돈이나 세배를 해서 받는 돈을 기본 용돈으로 아껴서 쓰고요, 필요할 때마다 부모님께 말씀드리고 용돈을 받습니다."
> "용돈이요? 일주일에 한 번씩 받습니다."
> "그냥 교통비와 간식이랑 뭐 사 먹는 돈으로 필요할 때 받아요."

용돈을 지급하는 부모의 태도와 지급 방법에 따라서 사춘기 청소년의 자존감이 높아질 수도 있고, 낮아질 수도 있습니다. 기왕에 주는 용돈이라면 사춘기 청소년의 입장을 고려하여 자녀의 자존감을 높이고 부모와의 민주적인 관계도 형성하고, 경제 활동에 대하여 배울 수 있는 방식으로 지급해 주면 좋겠습니다.

여기에서는 용돈을 지급하면서 사춘기 청소년의 자존감을 높여 줄 수 있는 방안으로 '기초 생활 보장비로 용돈 지급하기'와 '목적성 경비 지급하기'에 대해 자세히 알아보겠습니다.

용돈과 관련한 문제는 반드시 가족 전체 회의에서 그 방식과 금액, 지급 시기들을 정하는 것이 좋습니다. 평소에 가족회의를 탐탁치 않게 생각하는 경우에도 자신들의 용돈과 관련한 의논을 한다면 자세가 달라집니다. 기꺼이 진지하게 회의에 참여합니다.

용돈의 명칭을 '기초 생활 보장비'로 바꾸기

용돈의 명칭을 '기초 생활 보장비'로 바꾸고 정기적으로 지급해 주십시오. 용돈과 기초 생활 보장비는 지급하는 방식과 돈의 의미가 완전히 다릅니다. 용돈은 말 그대로 부모의 마음에 따라 은혜를 베푸는 방식이지만 기초 생활 보장비는 가족의 구성원으로서 가정의 수입 중에 일정 부분을 지급하여 가족 구성원의 권리를 보장한다는 의미를 담고 있습니다.[04]

보통 용돈을 주는 가정도 금액을 정해 정기적으로 지급하는 경우가 대부분입니다. 다만, 지급 방식에 대해서는 자녀의 마음에 세심한 주의를 기울인다고 보기 어렵습니다. 날짜를 하루 이틀 미루기도 하고, 자녀가 잘못했을 경우에는 벌칙이라며 용돈을 깎기도 합니다.

용돈과 관련하여 대화하면, 청소년은 할 말이 많습니다.

"부모님께 혼나면서 억울하다고 대들고 난 뒤, 용돈 받는 날이 가까워지면 '사과라도 해야 하나 어쩌나' 하는 고민이 들어요."
" 맞아요. 나도 그런 경우가 있었는데, 용돈 받으려고 사과하는

---

04 박미자,《부모라면 지금 꼭 해야 하는 미래 교육》, 위즈덤하우스(2018), 223쪽.

것 같기도 하고, 어쩐지 비굴하다는 생각이 들어서 사과를 안 하고 시간을 끌었던 적이 있어요."

"와~ 저는 지난번에 시험 점수가 떨어진 다음 날이 용돈 받는 날이었어요. 공부 좀 잘하라고 혼나고 나서 용돈을 받았는데, 민망했어요. 마음으로는 안 받고 싶기도 하고 또 안 받으면 나만 손해라는 생각이 들어서 돈을 받으면서 조금 비참하다는 생각을 했어요."

많은 청소년이 용돈을 받을 때, "아껴 써라"라거나 "공부 열심히 해"라는 말을 들으면, 뭔지 얹혀사는 느낌이 들고, 어쩐지 눈치를 보게 된다고도 말합니다. 그리고 부모가 용돈을 주는 날짜를 지키지 않아서 자녀가 문제 제기라도 하면, 이런 말을 듣기도 한다고 하소연합니다.

"공부를 그렇게 정확히 해라."
"할 일은 제대로 안 하면서 용돈은 잘도 달라고 하는구나."
"너도 돈 벌어 보면 알 거야. 피 같은 돈이니 아껴 써."

가장 심각한 상황은 용돈의 사용처에 대해 추궁을 듣는 것이라고 합니다.

"왜 쓸데없는 데 돈을 쓰냐?"

"내가 그런 데 쓰라고 돈 주는 것 아니다."

"왜 너는 저축을 안 하고 용돈을 다 쓰는 거냐? 아무리 적은 돈 이라도 절약하여 저축하는 습관을 들여라."

돈을 받고, 쓰는 과정에서 자녀가 배울 수 있는 것은 많습니다. 적어도 돈을 받느라 눈치를 보고 주눅이 드는 일보다는 훨씬 삶에 보탬이 되는 것들입니다. 시작은 명칭을 바꾸는 것부터입니다. 용돈을 '기초 생활 보장비'로 바꾸고, 청소년이 기초 생활을 잘 꾸려 갈 수 있도록 규칙을 함께 정하고, 지원해 주면 좋겠습니다.

기초 생활 보장비 규칙 정하기

기초 생활 보장비는 가족 구성원 전체 회의를 통해서 금액을 결정하고 돈을 입금하는 날짜도 한 달 단위로 결정합니다. 기초 생활 보장비의 금액을 결정할 때는 가정 경제의 현황을 공유해 주는 것이 좋습니다. 동년배의 친구들이 받는 용돈의 수준을 참고하되, 가정의 경제 형편을 고려하여 의논하면서 이해와 협조를 요청하고 금액을 조정하면 됩니다. 또한 교통비와 학용품 등 필수적으로 지출하는 비용을 포함하게 되면 금액이 달라질 수 있습니다.

우리 집에서는 고등학생 때부터 계절별로 의복비를 추가해 달라고 요구하여 3개월에 한 번씩 의복비를 기초 생활 보장비에 포함하여 지급하였습니다. 계절별 티셔츠와 바지 등은 직접 구입하고 목돈이 드는 외투 등은 목적성 경비로 설정하여 계획을 세우고 함께 가서 구입했습니다. 아이들은 자기 통장에 입금된 기초 생활 보장비로 옷을 구입하게 되면서 오히려 옷값을 아끼고 더 검소해졌습니다.

기초 생활 보장비의 특징과 지급 방안을 살펴보겠습니다.[05]

첫째, 기초 생활 보장비는 가족 구성원의 권리로 존중되어야 합니다. 회의를 통해 정기적으로 협의하여 금액을 조정하고 정해진 금액을 약속한 날에 정기적으로 통장에 입금해 줍니다.

둘째, 자녀의 나이나 생활 요건의 변화, 물가 등을 고려하여 해마다 연초에 가족회의를 통해서 협의하고 금액을 인상해 줍니다. 가족의 경제적 변화에 따라서 협력하고 조정할 수 있습니다.

---

05 같은 책, 223쪽.

셋째, 기초 생활 보장비는 사용에 대한 자율권을 보장하고, 스스로 지출 계획을 세우고 지출할 수 있도록 배려하고, 지출 항목에 대해서는 가급적 간섭하거나 잔소리를 하지 않아야 합니다. 다만 기초 생활 보장비는 삶을 보장하는 돈이기 때문에 사람과 사회 공동체의 건강과 안전을 해치는 물품을 구입하는 데 지출해서는 안 된다는 점을 약속받습니다.

넷째, 기초 생활 보장비는 아이의 권리이기 때문에, 아이가 잘못을 저지르거나 부모의 마음에 안 드는 행동을 했다고 해서 깎으면 안 됩니다. 심지어 가출을 했을 경우에도 가족 구성원으로서 기초 생활 보장비는 지급해 주겠다고 약속해 줍니다.

다섯째, 기초 생활 보장비 외에 '목적성 경비'를 지급할 수 있는 규정을 명시해 둡니다.

아이들은 성장하기 때문에, 해마다 연초에 협상을 진행할 때마다 초등학교 중학교 고등학교로 학교급이 달라져 필요로 하는 생활비의 범위가 늘어날 수 있으며, 의논하여 결정할 일들도 많아지고, 대화와 토론을 통해서 서로 배우는 내용들도 달라집니다.

또한, 가족회의를 할 때마다 가정의 경제 상황에 대해 공유하게 되고, 기초 생활 보장비 의논뿐 아니라 가족 여행과 가족 행사, 친지 방문 계획 등을 의논하고, 계획을 세울 수 있습니다. 그 외 한 달에 한 번은 모여 맛있는 식사를 계획하거나, 운동을 하는 등 갖가지 가족 문화를 만들어 가는 안건도 기초 생활 보장비 지급 회의를 계기로 확대해 나갈 수 있습니다.

목적성 경비 추가하기

때로 자녀들에게는 기초 생활 보장비만으로는 부족할 정도로 다양하게 들어가야 할 돈이 생깁니다. 이럴 때는 기초 생활 보장비와 별도로 목적성 경비를 별도로 지급할 필요가 있습니다.

목적성 경비는 말 그대로 특별한 목적이 발생했을 때, 그것을 담당한 보호자와 의논하여 받을 수 있는 돈입니다. 이에 대해서도 미리 합의하고 역할을 분담해 놓는 편이 좋습니다. 예를 들어 자전거가 고장 났거나, 수학여행이나 체험 학습 행사 등 특별하게 돈이 필요한 상황이 생겼을 대는 목적성 경비를 담당하는 보호자와 상황을 공유하고 의논하여 특별 비용을 받는 것입니다.

우리 집에서는 엄마가 기초 생활 보장비를 입금해 주고 목적성 경비는 아빠와 의논하여 받도록 했습니다. 가정의 상황과 형편에 따라서 보호자들이 역할 분담을 하면 됩니다. 실제로 시행해 보면, 목적성 경비는 자녀들의 말문을 열게 하고 사춘기 자녀의 생활을 나눌 수 있는 매우 유용한 수단이라는 걸 알 수 있습니다. 자녀가 목적성 경비를 요구하기도 하지만, 보호자가 명목을 만들어 그 목적에 쓸 수 있도록 지급할 수도 있습니다.

예를 들어 중요한 시험이 끝났을 때나 자녀의 생일 등 특별한 날에는, 보호자가 목적을 명시하여 격려의 말과 함께 목적성 경비를 입금하면 사춘기 청소년으로부터 수많은 하트가 달린 문자를 받을 수 있습니다.

자녀들이 새롭고 기발한 목적을 만들어 보호자와 의논하면서 목적성 경비를 의논하고 설득하기도 합니다. 이럴 때 보호자는 자녀에게 목적성 경비를 지급하며 구입 물품 혹은 방문하거나 여행한 곳을 인증샷으로 보내 달라고 사전에 약속을 할 수도 있습니다. 목적성 경비를 담당하는 보호자가 지급 여부를 결정하기 때문에 청소년은 제출한 목적성 경비의 타당성을 설득하기 위해 담당하는 보호자에게 사진도 보내고 대화를 많이 하게 됩니다. 자녀와의 관계도 돈독해지며, 많은 것들을 의논하면서 지원할 수 있습니다.

기초 생활 보장비의 교육적 효과

기초 생활 보장비를 지급하면 청소년이 돈의 소중함을 모르거나 고마워하기보다는 맡겨 놓은 돈처럼 당연하게 생각하고 버릇없이 되지 않을까 염려하시는 분들도 있을 것입니다. 기초 생활 보장비를 받아 본 청소년의 말을 직접 살펴보겠습니다.[06]

"매달 꼭꼭 넣어 주시니까 용돈 걱정을 안 하고 마음이 편해요."

"매달 돈을 받을 때면, 부모님께서 한 달 동안 일하시고 돈을 벌기 때문에 나도 매달 돈을 받고 있다는 생각을 하게 됩니다."

"중학생이 되면서 이런 생활비를 받았는데요. 저를 많이 존중해 주신다는 생각이 들고요, 존중받았으니까 저도 부모님께 더 잘해 드려야겠다고 생각합니다."

"제가 나중에 돈을 벌면 부모님께도 기초 생활 보장비 같은 것을 드리고 싶어요."

"완전히 저를 믿고 주신 돈이니까 계획을 세워서 쓰고 평소에 갖고 싶었던 것을 사기 위해서 돈을 조금씩 모으고 싶어요."

---

06 같은 책, 224~226쪽.

"물가 인상이나 소득세 환급 등 복잡하지만 협상을 하면 제가 돈을 더 받을 수 있는 문제이기 때문에 그런 낱말이 나오면 관심을 갖게 되었고, 실제 반영해 주니까 되게 신기했어요."

기초 생활 보장비의 긍정적인 효과에 대해서 청소년의 의견을 바탕으로 다음과 같이 정리해 보았습니다.

첫째, 부모와의 관계에서 존재감과 안정감이 높아집니다.

통장으로 입금되는 기초 생활 보장비는 확실한 자신의 돈이라는 생각이 들어서 마음이 자유롭고 누구의 눈치도 안 보는 안정감이 느껴진다는 것입니다.

둘째, 돈의 지출 계획을 세울 수 있습니다. 정기적으로 일정한 금액을 받기 때문에 예측 가능하게 계획을 세워서 돈을 쓸 수가 있다고 합니다. 가고 싶은 콘서트 계획을 세워 여러 달 돈을 모아서 갈 수도 있고, 친구 생일을 앞두고 절약하여 선물을 준비하는 등 지출 계획을 세울 수 있다는 것입니다.

셋째, 가족 구성원으로서 소속감이 높아지고 가정의 경제 상황에 대한 관심이 높아집니다. 기초 생활 보장비를 받을 때마다 자신이 가족 구성원이라는 존재 자체로 인정받고 보호받는다는 느낌이 들고, 우리 가족의 한 달 생활이 시작된다는 생각이 든다는 것입니다.

넷째, 사회 복지 문제와 물가 인상이나 소득세 환급 문제 등 경제 문제에 대한 관심을 갖게 되고 식견이 넓어집니다.

기초 생활 보장비는 가정의 보호자들이 자녀의 안정된 생활을 보장해 주는 일종의 복지 제도라고 할 수 있습니다. 이러한 과정을 통해서 청소년이 지방 자치 단체나 국가에서 제공하는 사회 복지 제도에 대해서 관심을 갖게 되고 알게 됩니다. 그리고 물가 인상률을 기초 생활 보장비를 협의할 때 반영하여 올려주기 때문에 물가 인상에 대해서도 관심을 갖고 알게 됩니다. 부모가 연말에 소득세 환급을 받으면, 청소년이 쓴 금액만큼 적은 액수라도 환급을 해 주는 방식을 적용하여 통장에 입금해 준다면 소득세 환급 제도에 대해서도 잘 알게 됩니다.

4부

감정을 표현하는
대화법

감정은 인간의 행동에 많은 영향을 줍니다.

특히 사춘기 청소년은 감정에 따른 행동 변화가 많은 시기입니다. 아동기에는 단순하게 받아들이고 순종했던 문제들도 더는 단순하게 수용하지 않습니다. 인정 욕구와 독립 욕구 등 온갖 생각과 욕구가 폭발적으로 늘어납니다.

그런데, 사춘기 청소년은 아직 자신의 감정을 조절하고 상황을 고려하면서 자신의 생각을 말로 차분하게 표현하기 어렵습니다. 사춘기 청소년기의 뇌세포 연결과 발달 과정을 보면 어른과는 달리 아직은 감정을 조절할 능력이 충분하지 않다는 사실을 알 수 있습니다. 이성적인 이해와 판단을 담당하는 전두엽도 발달하고 있는 과정에 있기 때문에, 감정의 기복이 심하고 작은 일에도 심각하게 흔들리거나 한꺼번에 감정을 분출하는 경향이 있습니다.

사춘기 청소년이 감정을 참지 못하고 격하게 화를 내거나 방문을 걸어 잠그는 행동을 하는 것은 성숙과 미성숙의 문제가 아니며, 반항심에서 나오는 문제라고 보기도 어렵습니다. 자신의 감정을 알고 조절하여 표현하는 방법을 배우지 못했기 때문에 나타나는 태도라고 할 수 있습니다.

반면 겉으로 조용하고 수용적인 태도를 보이는 청소년은 감정을 잘 다스리는 것일까요? 흔히 작은 소리로 말하고 표현이 적은 청소년을 보고 감정을 잘 다스리고 있다고 안심하는 경향이 있지만, 이런 청소년은 일상생활에서 표현하지 못한 감정들이 안으로 쌓이다가 엉뚱한 순간에 폭발하는 모습으로 나타나기도 합니다. 이런 모습들을 부모 입장에서 보면 상황을 엉망으로 만드는 반항으로 느낄 수 있겠지만, 사춘기 청소년의 입장에서는 위기에 처한 자신을 보호하는 행동이라고도 생각할 수 있습니다.

사춘기 청소년에게 중요한 과제는 자신의 감정의 원인을 찾아 이해하면서 관리하고 조절하는 방법을 부모와의 관계와 친구들과의 관계를 통해서 배우는 것입니다.

여기에서는 감정을 표현하는 부모의 대화법으로 '한 박자 쉬고 말하기', '적극적인 대화로 감정 표현하기', '감정 읽어 주기'의 방법을 함께 살펴보겠습니다.

· 01 ·

한 박자 쉬고
말하기

한 박자 쉬고 말하기는 상대방과 충돌하기 전에 서로의 상황을 돌아볼 수 있는 시간을 갖는 것입니다. "우리 생각 좀 해보자"라고 제안할 수도 있고, "잠깐 물이나 한 잔 마시고 이야기하자"라고 말하면서 시간을 가질 수도 있습니다.

문제 상황이 생겼을 때 곧바로 말을 하면, "왜그랬어?", "이제 어떻게 할 거냐" 등 원인을 따지는 말이나, 하소연, 책망하는 말들이 튀어나오는 경우가 많습니다. 그런데 한 박자를 쉬고 말하면 문제 상황에 처해 있는 아이의 모습이 더 부각되어 보입니다. 아이의 불안정한 표정이나 위축된 모습이 눈에 들어오면, 대체로 안쓰러움과 애정의 마음으로 말을 하게 되는 것입니다. 이런 부모의 감정의 변화나 마음의 여유는 곧바로 상대방에게 전달되기 때문에 대화가 잘 진행될 수 있습니다.

문제 상황에서 중요한 점은 아이를 혼내고 제압하는 것이 아니라, 서로 생각하는 시간을 갖고 대화하면서 이 상황을 통해서 자신을 돌아보고 배우는 기회를 갖는 것입니다. 부모가 먼저 분노하는 마음에 휩싸여 책망하는 말을 쏟아 내면, 청소년은 상처에서 벗어나기 위해서 공격적인 말이나 행동을 할 수 있는 가능성이 높아집니다. 훈계 중심으로 말하면 청소년은 더욱 마음의 여유를 갖지 못합니다. 마음을 차분히 하기 위해서 한 박자를 쉴 필요가 있습니다.

때로는 아이가 잘못하고 나서도 오히려 화를 내고 부모 탓을 하는 경우가 있습니다. 부모 자신은 크게 잘못한 것이 없고 아이에게 책임이 있는데 아이가 오히려 화를 내는 적반하장의 경우입니다. 부모도 사람인지라 같이 맞대응을 하는 경우 뜻하지 않게 아이와 다투고 서로 원망하는 마음을 갖게 됩니다.

한 박자 쉬고 말하기는 문제 상황에서 상처받은 부모와 자녀를 먼저 돌보고 보호하면서 대화를 나누는 시간을 갖는 방법입니다. 여기서는 비교적 극단적인 상황에서, 대화를 이어 갈 수 있는 한 박자 쉬고 말하기의 여러 사례를 알아보겠습니다.

화가 나고 불쾌한 감정이 올라올 때는 곧바로 말하거나 행동을 표현하는 것을 참고, 마음속으로 "하나, 둘, 셋"을 세는 것이 좋습니다. 이때, 숨을 천천히 들이마시고, 천천히 내쉬면서 심호흡을 하면, 대체로 마음이 차분해집니다. 상대방을 공격하는 말이 아니라 생각을 묻고 대화할 수 있는 상태가 되는 것입니다.

너 지금 나에게 화내는 거야?

사춘기 청소년은 감정 표현에서 객관적인 타당성을 따지기보다는 자신이 느끼는 것을 중심으로 직설적으로 말하는 경향이 있습니다. 아이가 어린 시절에는 집 안을 어지럽게 만들거나 말썽을 부리더라도 이해할 수 있고 도리어 귀엽게 생각하는 면도 있었습니다. 하지만 사춘기 청소년이 문제 상황을 벌여 놓고 도리어 화를 내면 상황이 달라집니다.

사춘기 청소년과의 관계에서 부모들은 사춘기 자녀의 적반하장격인 태도가 버릇없게 느껴져 속상하고 화가 난다고 걱정하고 하소연을 합니다. 사춘기 청소년은 더는 아이가 아니기 때문입니다.

부모의 입장에서는 어느 정도 자란 자녀가 이러니까 이해가 안 가고 마음도 심란하고 어떻게 말해야 할지 갑갑하기만 합니다.

이럴 땐 급하게 대처하기보다는 한 박자 쉬고 대화를 시도하는 게 좋습니다. 부모의 마음이 힘들면 자녀의 감정을 외면하게 되기 때문에 부모의 마음을 다스리고 보호하기 위해서 한 박자를 쉬는 것입니다. 그 뒤에 질문이나 대화를 합니다. 아이가 부모에게 화를 낸다고 단정하기보다는 아이의 감정 상황을 아이에게 물어보는 대화가 더 좋습니다.

"너 지금 나에게 화내는 거야?"

이러한 질문은 아이에게 자신의 행동을 돌아볼 수 있는 시간을 주고 아이에게 자신을 변호할 기회를 주게 됩니다. "아니 엄마에게 화를 내는 것은 아니고…"라고 말하거나 "엄마는 내가 화내는 것 같아?"라고 되물어 볼 수도 있습니다. 그러면 그 마음을 받아 주고 대화를 이어 가면 됩니다.

> 나도 네가 엄마에게 화를 내지는 않을 거라고 생각하는데, 목소리가 커지니까 긴장이 되어서 물어보는 거야.

> 엄마도 내가 목소리 커지면 긴장이 돼?

> 그럼, 긴장하고 말고. 엄마는 ○○이랑 항상 사이좋게 지내고 싶으니까.

부모가 이 정도로 대화를 진행하면 이제부터는 부모와 자녀가 한결 우호적인 관계를 맺으며 대화할 수 있습니다.

만약 한 박자 쉬는 것을 잊어버리고 덩달아 억울해서 부모가 "왜 화는 내고 그러냐"며 목소리가 높아질 수 있습니다. 그럴 때 사춘기 청소년은 대부분 "내가 언제 엄마한테 화를 냈어. 무슨 말을 못 하겠네"라고 응수하며 회피하는 경향이 있습니다.

그러면 "지금 화를 낸 것 아니고 그러면 뭐냐? 엄마한테 왜 소리 지르고 퉁명스럽게 말하냐?"고 하면서 본의 아니게 불필요한 논쟁을 하거나 시시비비를 다투며 싸우게 됩니다. 전혀 서로에게 도움이 되지 않는 안타까운 상황이라고 할 수 있습니다.

사춘기 청소년은 "나가!"라고 말하면 나갑니다

아이는 작은 일로 시작한 아빠와의 다툼이 커져서 집을 나갔다가 밤늦은 시간에 돌아왔습니다. 그런 날이 있습니다. 유난히 서로 예민하게 다투는 그런 날 말입니다. 그날 아이는 아빠의 말에 항의하고 대들다가 아빠가 "나가!"라고 말하자마자 현관문을 박차고 나갔습니다. 아이가 나간 후 해가 지고 날이 어두워지자 가족이 모두 안절부절해졌습니다. 초인종 소리가 울리지는 않을지, 온 신경이 쓰였습니다.

띵동~

○○이냐? 어서 와.

…

아이가 고개를 푹 숙인 채 현관에 서 있습니다. 가족 모두가 우르르 현관에 나와서 아이를 맞이합니다.

어서 와. 돌아왔으니 이제 됐어.

…

얼마나 걱정했는지 몰라.

더 늦지 않게 와 줘서 고마워.

아까 엄마가 내 뒤를 맨발로 쫓아 왔잖아요. 그게 자꾸 마음에 걸려서….

우리 아들이 제일이니까….

죄송해요.

아빠가 미안해. 돌아와 줘서 고마워. 우리가 함께 사는 집은 우리 모두가 주인인데, 아빠가 너한테 '나가!'라고 말한 것은 잘못했어요. 다음부터는 그러지 않기로 약속할게.

사춘기 청소년과 함께 살다 보면 부모도 본의 아니게 감정이 예민해지고 말끝마다 서로 부딪치며 충돌할 때가 있습니다. 이때 결코 아이에게 "나가!"라고 말해서는 안 됩니다. 이 말을 들으면 사춘기 청소년은 진짜 나갑니다. 나중에 '왜 나갔느냐?'고 물으면 엄마가 또는 아빠가 '나가라고 했기 때문에 나갔다'라고 대답합니다.

　　그날 말다툼 끝에 나갔다가 돌아온 아이와 이야기를 나누었습니다. 아이는 "막상 집을 나가 보니 자신이 할 수 있는 것이 없어서 너무도 초라하게 느껴졌다"고 합니다. 자신이 아직 아무것도 가진 것이 없다는 점, 혼자서 단 며칠도 살아가기 힘들다는 사실을 확인하였다는 것입니다. 홀로 집 밖에 나가, 아이는 자신에 대한 자격지심과 무력감을 느꼈겠지요.

　　아이는 거리를 방황하다가 결국 집으로 돌아오기 위한 이유를 찾기 시작했다고 합니다. 그러다 "엄마가 맨발로 자신을 뒤쫓아 왔던 것이 생각나고 엄마 걱정도 되고 해서 집으로 돌아오기로 했다"는 것입니다. 그런데 막상 집 앞에 오자 초인종을 누를 때까지 깊은 좌절감을 느꼈는데, 너무 자존심이 상해서 차라리 사라져 버리고 싶다는 생각이 들기도 했다는 것이었습니다.

　　아이에게 말했습니다.

"네가 이 집의 주인이고 이 세상의 주인이야. 가족 중 누구도 너에게 나가라고 말해서는 안 되었어. 그리고 설령 누가 나가라고 말하더라도 주인은 절대 자기의 삶이 있는 자기 집에서 나가서는 안 돼. 알겠지?"

너는 나가면 안 되지. 엄마가 나갈게

사춘기 청소년과 살다 보면 감정이 충돌하는 경우가 있습니다.

화가 치밀어 오르고, 당장 막말이 튀어나오거나 "나가!"라는 말을 하게 될 정도로 아이와 같은 공간에 있기 어려운 상황에 처할 때가 있습니다. 이럴 때도 역시 한 박자를 쉬는 것이 좋습니다. 아이를 내보내기보다는 어른이 잠시 나갔다 오는 것입니다.

"○○아. 너는 이 집의 주인이기 때문에 나가지 말고 집에 있어라. 마음이 답답하여 내가 나가서 바람 좀 쐬고 오겠다."

이렇게 말해 주고 부모가 집을 나오는 것입니다.

그리고 밖에 나와서 하늘도 보고 심호흡도 해 봅니다. 그러면 대부분 사소한 집착에 매달리기보다는 마음이 풀리고 여유를 갖게 됩니다. 그리고 한 박자를 쉬기 전보다 한결 가벼운 마음과 표정으로 집에 돌아갈 수 있게 됩니다. 물론 집에 남겨진 아이 입장에서야 다소 미안하고 뻘쭘한 입장에 놓이게 될 수도 있습니다. 아이는 안전한 공간에서 음악을 듣거나 게임을 하는 등 기분 전환을 하며 쉬다가 집 밖으로 나간 부모를 걱정하거나 기다리게 되는 것이 인지상정입니다.

부모는 어른이기 때문에 위험해질 일도 별로 없고, 나온 김에 동네를 한 바퀴 돌면서 생각하는 시간을 가질 수 있습니다. 산책도 하고 차도 한 잔 마시면서 생활을 돌아보면서 아이와의 문제를 해결하기 위한 방안을 생각할 수 있는 여유를 가질 수 있습니다. 부모에게도 아이에게도 유익한 시간이 되는 셈입니다.

만약 아이가 나가는 것을 소극적으로 방치하고 있었다면, 집 밖으로 나간 아이가 뭘하고 있을지에 대한 아이의 안전에 대한 걱정과 아이의 심리 상태에 대한 걱정으로 지친 시간을 보냈을 것입니다. 사례를 하나 들어보겠습니다.

그날도 아이와 다투고 내가 집을 나와서 적당히 시간을 보낸 뒤 집으로 돌아갔습니다.

어디 갔다 왔어요?

산책을 하고 돌아왔기 때문에 아이와 다투던 때의 팽팽했던 긴장감은 사라지고 없습니다. 아이와 평상심을 갖고 대화할 수 있었고, 화를 냈던 상황에 대해 사과할 수 있는 심리적 여유가 생겼습니다.

응, 좀 걷고 산책도 하고 그랬더니 별일 아닌 걸로 너에게 예민하게 말했다는 생각이 드네. 아까 소리 질러서 미안하구나.

그러면 아이는 자신이 부모로부터 존중받고 살고 있다는 생각을 하게 될 것입니다. 그리고 무엇보다도 '저렇게 바람을 쐬고 산책을 좀 하고 오면 마음이 풀리는구나' 하는 경험을 머릿속에 넣어 두게 됩니다. 이런 과정을 통해서 아이 역시 '갈등이 생기거나 감정이 충돌할 때마다 한 박자 쉬고 대할 수 있는 여유와 감정 조절 능력'을 부모로부터 배우는 것입니다.

실제로도 감정이 충돌할 때는 바람을 쐬고 좀 걸으면 마음이 많이 진정되어 충동적이고 절박한 감정에서 빠져나올 수 있습니다. 인간의 마음은 보통 속도의 걷기를 통해서 평정심을 회복할 수 있습니다. 아이가 청소년 시절에 감정이 욱하고 올라오면 밖으로 나가 산책을 하면서 감정을 조절할 수 있는 능력을 배우는 것도 평생을 활용할 수 있는 매우 중요한 삶의 지혜를 배우는 것이라고 할 수 있습니다.

물론 산책을 하는 것만으로 상대방과 갈등을 겪고 있는 문제가 완전히 해결되었다고 볼 수는 없습니다. 다만 이전과 달리 대화를 이어 갈 수 있는 여지가 생기고, 그런 만큼 문제가 해결될 수 있는 실마리 역시 찾을 수 있는 셈입니다. 상대방과 마음의 여유를 가지고 대화하면서 문제를 해결할 가능성 역시 생겨났다 할 수 있습니다.

말대답이 심한 아이

"말끝마다 대꾸를 하는구나."
"너는 내가 그렇게 만만하니?"
"너 딴 사람하고 이야기할 때도 이렇게 말해?"
"엄마한테 태도가 왜 그래? 엄마를 무시하는 거야?"

어른들이 하는 일에 참견이 심하고, 무슨 말을 해도 꼭 말대답을 하는 아이가 있습니다. 버릇이 없어 보이기도 하고, 가벼워 보여서 걱정이 되기도 합니다. 가끔은 끼어드는 말이 날카로운 것도 같고, 어떨 때 보면 별 의미도 상관도 없는 거 같기도 합니다. 앉혀 놓고 대화를 하다 보면 내 말을 귀담아듣지 않는 것도 같고, 주의가 산만하다는 생각이 들기도 합니다. 훈계라도 좀 해 볼라치면, 한 마디 한 마디 사이에 꼭 잊지 말고 뭐라고 한 마디를 끼워 넣습니다. 이럴 때면 이 신경 쓰이는 아이의 '버릇'을 바로잡아야 할 것 같다는 생각이 듭니다.

하지만 그렇다고 정말로 위에 적어 놓은 저런 말들을 아이에게 해서는 안 됩니다. 아이의 행동과 말에 의미가 없는 것은 없습니다. 무언가 표현하고 싶거나 인정받고 싶기 때문에 벌어지는 행동입니다.

이럴 경우에는 많이 자랐다고 인정해 주시면 됩니다. 조금 자라서, 아는 것이 많아지니까 신기하기도 하고 칭찬도 받고 싶어서 잘난 척을 하는 것입니다. 이럴 때 신경질적인 반응만을 보여 주면, 말 그대로 '아이 기를 죽이는 짓'이 되고 맙니다.

"그렇구나 그런 생각도 할 수 있겠네."
"좋아."
"좋은 생각이야. 그런데 말로만 설명하니까 이해하기 어렵네.

엄마랑 함께 문장으로 정리해 볼까?"

"이 부분은 좀 더 자세하게 말해 주지 않을래?"

많이 컸다고 수시로 격려해 주시고, 아이가 말한 내용을 다시 물어보면서 아이가 자기 생각을 스스로 확인하고 논리를 세우는 것을 돕는 방식으로 대화하는 것이 좋겠습니다. 엄마가 즉각 답하기가 어려운 질문을 받으면, 간단하게 아이에게 질문을 되돌려서 물어봐 주시는 것도 좋습니다.

아이가 가장 소중합니다

"선생님, 어떻게 하면 좋을까요?"

중학생 딸을 둔 엄마로부터 도와 달라는 요청이 왔습니다.

엄마와 아이가 심하게 다투었고 그 과정에서 엄마가 아이 핸드폰을 던져서 핸드폰이 박살이 났다는 것입니다. 아이는 엄청 분노하며 대들었고, 이틀째 엄마랑 말도 하지 않는 상태였습니다. 중학생인 딸은 동생에게 오늘까지 엄마가 핸드폰을 사다 놓지 않으면 자기는 자살할 거라고 얘기했습니다. 친구에게는 "엄마가 죽었으면 좋겠다"고 말했다고 합니다.

부모는 동생으로부터 전해 들은 아이의 말과 태도에 충격을 받았습니다. 아이가 충동적으로 행동할까 봐 불안한 마음과 함께 아이의 버릇을 바로잡아야 한다는 이중적 감정으로 힘들어 했습니다.

아이 아빠는 "잘못한 건 아이이니 사과를 받지 않으면 절대 핸드폰을 사 줄 수 없다"고 주장했답니다. 더는 아이한테 끌려만 다녀서는 안 된다는 단호한 입장이었지요. 아이 엄마 역시 아빠와 같은 생각이지만 정말로 아이가 충동적인 행동을 할까 무섭다고 합니다.

사실 이럴 때 답은 언제나 한 가지밖에 없습니다.

"아이가 가장 소중합니다."

그리고 이렇게 조언을 건네주었습니다.

"엄마와 아빠의 자존심도, 아이의 버릇을 고치는 일도 아이의 감정에 비하면 아무것도 아닙니다. 서둘러 핸드폰을 사 주고, 핸드폰을 망가뜨린 데 대해 사과해야 합니다. 그리고 아이와 적극적으로 이야기를 나누어야 합니다. 부모가 두려움에 떠는 만

큼, 아이도 두려움에 떨고 있습니다. 아이를 안심시켜 주세요.
가서 '우리 딸이 이 세상에서 가장 소중하다'고 말씀해 주세요.
그리고 아이와 함께 엄마와 아빠도 두려움에서 벗어나세요. 엄
마에게는 이 딸이 엄마의 자존심과 바꿀 수 없는 소중한 딸이라
는 점만 생각하세요."

아이와 부모가 극단적으로 충돌할 경우에는 아이 마음이 진
정되어야만 다음 대화가 가능합니다. 죽겠다거나 죽이고 싶다
고 말하는 것은 그만큼 자신이 힘들다는 사실을 과장하여 표
현하는 것입니다. 이러한 극단적인 표현 방법이나 태도는 반
드시 올바른 방식으로 바꾸어야 합니다. 그러나 아이와 부모
가 극단적으로 대립하는 상황에서 갈등하는 시간이 길어지면
아이와 부모 모두 회복하기 어려운 상처를 받을 수 있습니다.

아이 엄마는 새 핸드폰을 사서 하교하기 전에 학교 앞으로
갔습니다. 아이가 나오는 것을 기다렸다가 아이를 만났습니
다. 아이에게 미안하다고 말하고 "엄마가 미안하다. 엄마에게
는 우리 딸이 이 세상에서 가장 소중해"라고 말하고 새 핸드폰
을 주었다고 합니다. 막상 그 말을 하고 나니 엄마는 눈물이 나
와서 체면도 없이 길에서 한참을 울었다고 합니다. 아이는 "왜
학교까지 와서 울고 그러느냐?"고 엄마를 타박하다가 핸드폰

을 받았습니다. 엄마는 아이에게 "집에 언제 올 거냐?"고 물었고, 아이는 엄마에게 "학원 갔다가 끝나는 대로 곧 집으로 가겠다"고 대답했다는 것입니다.

그런데, 아이는 사과했냐고요?

부모가 사과할 때는 그 자리에서 아이의 사과를 요구하지 않고 시간을 두는 것이 필요합니다. 아이의 사과는 아이가 스스로 생각한 뒤에 시간과 방식을 정해서 해야 하는, 아이 자신의 문제라고 할 수 있습니다.

사실 자녀보다는 어른인 부모에게도 사과는 그리 쉬운 일이 아닙니다. 사과를 받는 아이가 건성인 것처럼 보이면 힘이 빠지기도 하고 화가 치밀어 오르기도 합니다. 그렇다고 사과를 받는 아이의 태도를 문제 삼거나, 아이에게 사과를 요구해서도 안 됩니다. 그러면 아이들은 "뭐지? 결국 나 다시 혼나는 거네" 하는 생각을 품게 됩니다. 아이와는 더 깊은 갈등 관계에 들어가고, 사과가 무색하게 상황은 다시 원점으로 돌아갑니다. 일단 사과부터 하고, 아이가 이 일에 관해 생각할 수 있도록 시간을 주고 기다려 주는 것이 필요합니다.

부모도 힘들지만 당사자인 청소년이 더 힘듭니다

아이가 부모에게 대들고 노골적으로 반항을 하면 부모로서는 너무 힘이 듭니다. 부모 입장에서는 아이를 사랑하는데 '아이가 나한테 왜 이럴까' 하는 무력감도 느낄 수 있고, 부모 자신이 모자라고 한심하다는 자책감이 들어 괴롭습니다. 그러나 부모가 아이들을 사랑하는 감정과는 별도로 사춘기 청소년은 때로는 폭풍같이 엄마에게 대들기도 하고, 생각 밖으로 모질고 냉랭하게 굴기도 합니다. 사랑은 양의 문제가 아니라 표현하는 방식에 의해서 공유되는 문제이기 때문입니다. 깊고 많은 사랑을 해도 적절한 방식으로 표현되지 않으면 상대방에게 공감을 얻지 못하고 오해와 불신으로 괴로움을 겪을 수 있습니다.

그래도 이것만은 기억해 두어야 합니다. 부모와 사춘기 자녀가 대립하고 갈등을 겪을 때는 부모도 힘들고 괴롭지만, 더 많이 힘든 사람은 사춘기 자녀입니다. 사춘기 자녀는 부모보다 약한 존재입니다. 거듭 말씀드리지만, 엄마 아빠는 경제적으로나 사회적으로 독립된 삶을 살아갈 수 있는 어른입니다. 사춘기 청소년은 허세를 부리고 큰소리를 치지만 아직은 어른이 아니고 경제적 자립 능력도 없습니다. 부모로부터 버림받을까 봐 떨면서 자존심으로 버티고 있는 것입니다.

아이가 힘들게 할 때마다 아이를 굴복시키려 들어서는 안됩니다. 어른인 부모에 비하면 아이는 언제나 약자이기 때문입니다. 그저 너그럽게 안아 주는 방식으로 아이가 느낄 수 있는 방식으로 방법을 찾아서 사랑을 표현하고 관계를 회복하기 위한 노력을 하는 것이 좋습니다.

· 02 ·

적극적인 대화로
감정 표현하기

　사춘기 청소년은 어린아이는 아니지만, 어른도 아닙니다. 어른인 부모가 먼저 손을 내밀어 보호해 주어야 합니다. 대화에서도 비유적으로 표현하거나 돌려서 말하기 보다는 부모의 사랑을 직접적으로 느낄 수 있는 방식으로 표현하는 것이 좋습니다. "고맙다", "사랑한다", "소중하다", "기쁘다", "즐겁다" 등 감정을 솔직하고 적극적으로 표현하고, 대화가 가능한 관계를 만들어 가는 것이 중요합니다.

　사춘기 청소년이 자신의 감정 표현을 대화의 방식으로 풀어갈 수 있기 위해서는 부모의 입장에서가 아니라 아이의 입장에서 성장과 발달의 단계에 적합한 방식으로 수용하고 표현하는 방법이 필요합니다. 아이가 부모를 향해서 분노나 슬픔, 화 등의 감정을 격렬하게 표현하거나 항의성 표현을 할 때, 부모라 해도 섭섭한 생각이 들 수 있습니다. '내가 너를 얼마나 사랑하는데…', '네가 어떻게 나한테 이럴 수가 있어?', "나에게 왜?"라는 생각이 들 때도 있습니다. 이런 생각들을 '우리 아이가 힘들었구나', '참고 있다가 부모에게 자기감정을 표현하는 구나', '내가 부모니까…'라는 적극적인 방향으로 바꾸면서 여유를 갖는 것이 필요합니다.

사춘기 청소년은 자신의 성장에 몰두하는 시기입니다. 시간이 필요합니다. 개별적으로 대화하는 시간을 갖고 한 사람씩 일대일로 만나서 눈을 마주치며 깊게 대화하고 격려하는 시간을 갖는 것이 필요합니다. 다른 사람의 심정을 이해하고 헤아리기까지는 조금 더 기다려 주고 배려해 주는 사랑이 필요한 시기입니다.

가족들이 전체적으로 화목하게 지내고 대화하는 것도 필요하지만, 개별적인 만남을 통해서 다른 형제자매가 있었을 때 말하지 못했던 애로 사항을 말할 수 있고, 부모의 사랑을 더 적극적으로 표현할 수도 있습니다. 자신에게 온전히 몰두하는 부모와의 시간을 통해서 심리적 안정감을 느낄 수 있습니다.

시간은 부모의 편입니다. 시간은 아이들을 성장시키고, 부모는 자녀가 성장할 때까지 모든 시간을 사랑할 준비가 되어 있기 때문입니다. 사춘기 청소년 시기에는 수많은 뇌세포들이 연결되면서 자신의 감정을 이해하고 표현하는 방법을 배우고 경험하는 시간이 필요한 시기입니다.

가끔 특별한 만남

"오늘은 〇〇이와 만나는 날입니다. 다른 가족들은 각자 알아서
식사 챙겨 드시고 안전하게 지내시기 바랍니다."

첫째 아이와 약속을 잡고 가족들에게도 미리 예고를 했지
만, 가족 톡방에 문자도 보내고 식탁에 쪽지도 남기고 〇〇이
와 함께 외출했습니다. 지난 번에는 영화를 함께 보고 차를 마
셨고, 이번에는 눈을 맞추고 웃고 이야기하며 공원을 걸었습
니다.

> 우리 〇〇 사랑해.

저도요.

> 우리 〇〇이가 태어나서 엄마는 부모가 되었어. 네가 태어나
> 면서 우리에게 엄마와 아빠로 역할을 준 셈이지.

부모가 되면 뭔가 달라지나요?

> 부모가 되면? 정말 달라지지. 설레고 두근거리고 겁도 나고,
> 책임감도 느껴지고…. 고마워.

왜요?

너무 작고 이쁜 아기가 항상 우리 곁에 있어서 새롭고 즐거웠어.

진짜? 귀찮지 않았어요?

너무 할 일이 많아졌지. 쭈쭈 먹이고, 기저귀 갈아 주고…. 그래도 너무 좋았어. 네가 우리에게 와 주어서 고마웠어. 엄마 아빠의 영원한 첫사랑 ○○이 사랑해요.

그리고 며칠 뒤에는 막내와 미리 약속을 잡고 함께 눈을 맞추고 웃으며 이야기를 나누고 함께 시간을 보냈습니다.

우리 ○○ 사랑해.

저도요.

이렇게 둘이서 오붓하게 만나니 참 좋다.

저도요. 그런데요. 하나 물어봐도 돼요? 제가 태어날 때 좋으셨어요? 혹시 귀찮지 않았나요?

엄청 이쁘고 좋았지. 자식 사랑은 내리사랑이라는 옛말이 맞는 것 같아. 고마워.

왜요?

우리 ○○이가 태어난 후 우리는 더 이상 아기를 갖지 않았어. 우리 ○○이는 엄마 아빠의 영원한 끝사랑. 사랑해요.

물론 첫째, 막내가 아닌 둘째와도 비슷한 시간을 보냈습니다. 셋째까지 있는 집안의 둘째일 경우에는 소외감을 느끼지 않도록 둘째를 한 번 더 챙겨 주는 배려도 할 필요가 있습니다. 셋째는 막내라는 특징으로 관심과 사랑을 더 많이 받는 경향이 있기 때문입니다.

우리 ○○이가 태어나서 엄마 아빠는 인간의 위대함을 이해했어.

왜요?

우리는 어느 정도 첫째랑 같을 줄 알았거든? 너는 첫째와는 달라도 너무 다른 모습으로 이쁘더라고. 그리고 첫째 아이 때는 몰랐던 사실을 새로 알게 되었지.

뭐를요?

아기들은 아기들을 보고 빠르게 배우더라고. 첫째가 하는 대로 배우고 따라 하는 너를 말리느라고 야단법석이 났지. 네 덕분에 우리는 인간이 각자 소중하고 이쁘다는 점을 알게 되었어. 우리 유능한 둘째. 고마워.

> 정말?

그럼, 우리 가족 중에서 가장 이해심 많고 든든한 둘째가 없었으면 누굴 믿고 의지하겠어. 우리 ○○이 사랑해.

> 저도요. 엄마 사랑해요.

물론 이렇게 아이들과 각각 따로 만나 "너를 믿고 너를 가장 사랑한다"고 말해 주어도, 사실은 다른 형제·자매들에게도 똑같이 '가장 사랑한다고 말했다는 사실'을 아이들은 알고 있습니다. 그래도 기분이 좋고 자존감이 높아지는 것은 어쩔 수 없는 진실입니다. 개인적으로 오롯이 엄마나 아빠를 차지하고 눈을 맞춰 보는 시간을 갖는 것은 아이들에게 너무나 안심이 되고 소중한 성장의 기회입니다. 가족 전체가 모여 화목한 시간을 보내는 것도 좋지만, 이렇게 개인적으로 만나서 눈을 맞추며 깊게 만나는 시간도 꼭 필요합니다.

우리 인간은 공동체의 구성원이면서 개인 자체로 존중받기를 원하는 특징이 있습니다. 우리의 자녀들에게도 같은 심리가 있습니다. 두 명 또는 서너 명의 자녀들을 키우는 경우, 보통의 부모들은 자녀들을 하나의 세트로 묶어서 만나는 경향이 있습니다. 그런데, 가끔 한 사람씩 개별적으로 만나서 애정을 확인하고 눈을 맞추며 유일한 사랑을 표현하고 개별적으로 고쳐야 할 일이 있으며 그때 따로 당부하는 것이 좋습니다.

유난히 형제자매 간에 싸움이 잦은 경우에는 빠른 시간 안에 각자 따로 만나서 데이트를 하고 너를 정말 믿고 사랑한다는 메시지를 적극적으로 표현하면서 각자가 처한 어려움을 들어 주고 풀어 주는 시간을 가지는 것이 좋습니다. 다른 형제자매가 함께 있는 데에서 시시비비를 가리고 문제점을 부각시켜서 혼내는 일은 가급적 자제하는 것이 좋습니다.

아이들의 성장 과정에서 부모와의 특별한 개별 만남의 경험은 꼭 필요합니다. 사춘기에도 꼭 그러한 시간을 갖고 자신의 탄생이 부모에게 기쁨이었고 자신이 소중한 존재라는 사실을 직접 부모의 눈빛과 목소리를 통해서 확인하는 것이 필요합니다. 다만, 아이와 데이트 시간을 갖기 위해서는 '사전에 의논하여 약속을 잡아야 한다'는 점을 기억해 주셔야 합니다.

부모로부터 듣는 사랑의 말은 언제나 좋아요

십 대 사춘기 시기에, 나는 부모로부터 사랑한다는 말을 직접 듣는 것이 어떤 느낌을 주는지를 알고 싶었습니다. 그래서 나는 우리 엄마에게 "사랑합니다"라고 말씀드리고 나에게도 "사랑한다고 말해 주시라"고 졸랐습니다. 그러나 들을 수는 없었습니다.

저는 구 남매 중 여덟 번째로 자랐습니다. 대가족이라 엄마는 항상 바쁘셨습니다. 엄마로부터 충분한 사랑과 보살핌을 받았지만, 말로 직접 사랑한다는 말을 들은 적은 없었습니다. 지금도 고향 집에 찾아가면 엄마는 반갑다는 말보다, "바쁠 텐데 왜 왔냐?"는 역설적인 표현을 하면서 맞이하셨습니다.

나는 엄마에게 사랑한다고 말해 달라고 거듭 요청했고, 엄마도 어렵게 노력하여 결국 우리 엄마로부터 사랑한다는 말을 직접 들었습니다. 그때 엄마로부터 사랑한다는 말을 들으면서 느꼈던 감정들을 소개합니다.

> 바쁜 데 뭐 하러 왔냐.

보고 싶어서요.

> 나는 너희들이 행복하게 살면 그것으로 족하다.

우리 보고 싶지 않으셨어요?

> 잘 살면 되지. 눈으로는 안 보고 싶다.

우리를 반기며 허둥대시는 모습, 딸이 좋아하는 몇 가지 반찬을 해 놓고 시계를 들여다 보았을 늙으신 엄마의 모습에서 사랑을 느꼈지만, "눈으로는 안 보고 싶다"라는 말이 묘하게 섭섭한 여운으로 남았습니다.

저에게 사랑한다고 말씀 좀 해 주세요.

그런 것을 꼭 말로 해야 안 다냐?

한번 말씀해 주세요.

사랑한다고 치자 쳐!

그냥 "딸아 사랑한다"라고 말로 표현해 주세요.

나는 "사랑한다고 말해 달라"고 엄마에게 조르고 매달렸습니다. 엄마는 급기야 "쓸데없는 말을 하라고 한다"면서 화를 내기도 하셨습니다. 나는 엄마와 헤어질 때마다, 자동차 시동을 걸어 놓고 "사랑한다고 말해 주지 않으면 안 가겠다"고 버티며 부탁했습니다. 여러 차례 실랑이가 있었고 눈물을 몇 번 흘리기도 했습니다. 드디어 엄마로부터 "너를 사랑한다"는 말을 직접 들었던 날, 그 말이 그렇게 감정을 흔드는 말이라는 사실을 경험하였습니다. 엄마가 나에게 해 주신 "그래 나도 참 너를 사랑한다"라는 목소리를 녹음이라도 해 놓고 자주 듣고 싶다는 생각이 들었습니다. 그리고 그 후부터 엄마의 자식에 대한 사랑의 표현은 점점 풍부해졌습니다.

"보고 싶구나. 언제 올래?"
"그래, 나도 사랑한다."
"우리 딸, 나이를 먹었어도 여전히 이쁘구나."
"너랑 이야기를 나누니까 속이 시원하다. 고맙다."
"우리 딸이 어릴 때도 속이 깊었는데, 아주 잘 자라 주었어."

이런 말들은 나에게 엄청난 위로와 힘을 주었습니다. 엄마의 이런 감정 표현을 들으면 나는 마치 새로 엄마를 찾은 것처럼 엄마에 대한 고마운 감정이 마음속 깊은 곳에서 올라오는 것을 느꼈습니다. 부모님께서 우리를 많이 사랑하며 키워 주셨다는 사실을 알고 있었지만, 직접 엄마가 나를 사랑한다는 말을 해 주시고 칭찬도 들려 주시니 삶이 더욱 즐겁고 행복했습니다. 부모로부터 직접 듣는 사랑의 말은 언제나 좋았습니다.

자신의 감정을 표현할수록 자신을 더 잘 알게 됩니다

네가 맡은 학생들도 다행이구나.

왜요? 엄마.

우리 딸이 아이들 이야기도 잘 들어 주고 잘 보살펴 줄 것이니까….

정말요? 제가 그런 사람이라고 생각하세요? 저의 어떤 면을 보면서 그렇게 믿으시나요?

니가 너의 아이들 꼴을 참 잘 봐주는 것을 보니 다른 아이들 꼴도 잘 봐주겠다는 생각이 드는구나. 나는 니가 책 읽기를 좋아하니까 니네 애들에게도 책 읽어라 하고 강요할까 봐 은근히 걱정했거든.

"나는 너희를 키우며 충분히 좋고 재미졌어. 아무것도 바랄 것이 없어."

"아이들 걱정은 하지 마라. 아이들은 잘 자라고 있어. 아이들이 자라는 만큼 어른들이 크지 못해서 그것이 문제인 것이지…."

"우리 딸이 잘 커 줘서 고맙구나. 그땐 왜 그렇게 바빴는지…. 해야 할 일들이 끝도 없었어. 일하느라고 우리 애기들을 잘 보살펴 주지도 못했어. 미안하구나."

엄마는 딸에게 사랑한다는 말을 하고 난 후에는 점점 더 많은 감정들을 표현해 주셨습니다. 엄마의 표현이 다양해질수록 나도 엄마와의 대화가 더 즐겁고 행복했습니다. 자식을 둘이나 스무 살이 넘도록 키운 어른인 나도 엄마로부터 사랑의 말을 들으니 일상이 즐겁고 자신감이 높아졌습니다. 하물며 사춘기 청소년에게는 함께 생활하는 보호자들로부터 사랑한다는 말을 더 많이 듣고 자라는 것이 필요합니다.

인간의 감정은 표현을 통해서 더욱 풍부하게 성장합니다. 감정에 대하여 배우고 알게 되면 다른 사람의 감정을 더 잘 느낄 수 있습니다. 그리고 감정은 표현을 자주 할수록 더 잘 표현할 수 있습니다. 감정이 공유되는 과정은 서로의 인간관계가 더 깊게 연결되는 과정이기도 합니다. 가족 간의 관계에서도 감정을 인식하고 올바른 방법으로 표현하면서 새롭게 힘을 주고 응원하는 인간관계로 발전할 수 있습니다.

보통, 인간의 사고 능력, 즉 생각하는 힘에 대해 이야기할 때, 감정보다는 이성을 중요시하고 강조하는 경향이 있습니다. 인간을 더욱 풍부한 인간으로 성장시켜 주는 사고력은 감정이 아니라 이성이라고 간주하는 것입니다. 그렇지만 인간의 감정과 이성은 둘이 아니라 하나일 수 있습니다.

어쩌면 감정을 표현하기 시작하면서 자기 자신을 더 잘 알게 되고 자신이 경험했던 느낌들을 잊지 않고 더 잘 기억할 수 있게 될 것입니다. 인간으로 살아오면서 경험하고 마음속에 쌓아 온 시간, 공간, 사람들….

부모로부터 이해받고 공감받는 자녀는 정서적으로 안정감을 느낍니다. 부모를 통해서 '자신이 아름답고 소중한 존재'라는 사실을 확인받고 지지받기 때문입니다. 아이가 낯선 세상을 만나거나 새롭게 성장하는 단계에서 마음이 불안할 때, 아이는 가장 먼저 부모의 얼굴을 떠올립니다. 아이는 이때 부모로부터 받은 느낌으로 부모가 자신에게 갖고 있는 애정을 판단하고 자기 자신에 대해서도 판단합니다. 자녀를 향한 부모의 목소리는 자녀의 마음속에 내면화될 수 있기 때문입니다.

· 03 ·

감정 읽어 주기

　사춘기 청소년의 말이나 행동보다 감정을 읽어 주세요. 먼저 감정에 공감해 주는 것이 대화의 시작입니다. 사춘기에는 감정의 변화가 심하기 때문에 자신의 속마음보다 말이나 행동이 과장되게 나타나거나 축소되어 나타나는 경우가 많습니다. 작은 일에도 화를 내거나, 슬퍼하고 낙담할 수 있습니다. 그리고 부모 입장에서 보면 별일도 아닌데, 뛸 듯이 기뻐하기도 합니다.

　때로는 부모나 보호자 입장에서는 어리둥절한 생각이 들고 당황할 수 있습니다. "너 왜 그러냐?"라고 물어도 신통한 답변이 돌아오질 않습니다. 오히려 "왜 그래? 내가 이러는 게 싫어?"라고 퉁명스럽게 말하거나 불만 섞인 모습으로 "그렇게도 내가 한심하게 보여? 내가 웃겨?"라는 식의 반응을 보이기도 합니다. 이럴 땐 아이의 태도를 평가하거나 규정하지 말고, 속마음을 읽어 주세요.

　아이 자신의 입장에서도 답을 내놓기 어렵기도 하고, 상황을 해명하지 못하니까 당황할 수 있습니다. 이럴 때는 "아니 네가 웃으니까 나도 기분이 좋아서 그래", "네가 슬퍼하니까 걱정이 되어서 그래" 정도로 반응하면서 관심과 애정을 표현하면 됩니다.

사춘기 청소년의 감정 기복이 심한 이유에는 여러 가지가 있습니다. 급격한 심신의 성장에 따른 뇌세포 연결과 호르몬의 변화 등 다양한 원인이 있겠지만, 사춘기 청소년은 보통 자신의 감정에 대한 부모의 반응에 따라서 감정을 표현하는 방법을 배우며 성장하게 됩니다.

사춘기 청소년이 강한 감정을 보일 때는 더 강한 감정 표현으로 대응하면 안됩니다. 사람은 누구나 공포스럽고 불안감을 느낄 때는 자기 안에 갇히게 되기 때문에 충돌하면 상처를 받게 됩니다. 따라서 자녀가 강한 감정 표현을 할 경우에, 부모는 더욱 부드럽고 침착하게 대응할 필요가 있습니다. 목소리를 낮추고 말의 속도를 천천히 조절하는 것입니다. 난동을 부릴 때는 소리치며 제지하는 것보다는 안아 주면서 다독거리는 것도 좋습니다.

이런 경우에는 "왜?", "무슨 일이 있었어?", "너 지금 왜 그러는데?", "말을 좀 해 봐!", "네가 무슨 잘못을 했는지 알아?", "너 지금 그 태도는 네가 잘했다는 거야?", "내가 뭘 어쨌다고 여기서 화풀이를 하느냐!"라고 다그치면 불필요한 충돌이 계속됩니다. 부모의 입장에서는 원인을 파악하기 위한 말이었지만, 아이의 입장에서는 혼나고 있다고 생각하고 섭섭한 생각을 갖게 되기 때문에 더욱 감정이 격화될 수 있습니다.

따라서 질문하거나 문책하기보다는 아이의 심신을 안정시키는 것이 중요합니다. 부모가 먼저 '네가 어떤 감정을 갖고 있더라도 나는 네 편이 되어 지켜 주겠다. 너를 이해하기 위해서 기다리고 노력하겠다'는 마음을 먹는 것입니다. 그리고 다음과 같은 말들을 해 주는 것이 필요합니다.

"너를 사랑한다."
"너를 이해하고 싶어."
"언제나 네 곁에 있을게."
"괜찮아, 내가 좀 기다려 줄게."
"너를 혼내려는 게 아니야."
"너를 돕고 싶어."
"함께 문제를 해결해 보자."

정서적인 기복이 심해지는 과정을 겪을 때는 '산이 크고 계곡이 깊어야 물이 고인다'는 생각으로 마음을 달래는 것도 좋습니다. 사실 사춘기 청소년은 정서적 감수성이 풍부하기 때문에 감정 표현의 굴곡이 심한 면이 있으며, 그렇게 과도한 감정 표현을 통해서 자신의 감정을 돌아보고 성장하는 기회가 되기도 합니다.

겉으로 드러나는 행동이나 말보다는 아이의 마음을 읽어 주세요. 말과 행동은 아이의 감정이 원인이 되어서 나타나는 결과입니다. 판단하고 평가하기보다는 공감하고 기다려 주세요.

감정에는 선악이 없다

> 제가 화를 내면 부모님께서는 왜 화를 내냐고 혼내거나 야단을 치세요. 그런 말을 들으면 마음이 답답해요. 그냥 '화가 났구나'라고 인정해 주시면 좋겠어요.

화나는 마음을 인정해 주기를 바라는구나.

> 네.

주로 어떤 말을 하시는데?

> '그게 화낼 일이냐?', '화낸다고 해결될 일이 아니다'라고 하세요.

그런 말을 들으면 기분이 어때?

> 더 화가 나요.

일상생활에서 우리는 기쁨이나 고마움 등은 긍정적인 감정으로 보고 함께 나누기를 권장하고 익숙하게 수용합니다. 하지만 슬픔이나 화, 원망의 감정들에 대해서는 부정적인 감정으로 보고 표현하지 않은 것을 미덕으로 생각하는 경향이 있습니다.

화를 내거나 눈물을 흘리는 행동도 부끄럽고 약한 모습이라는 생각이 널리 퍼져 있기 때문에 감정 표현에서 어려움이 생기는 것입니다. 그러나 감정은 긍정적인 감정과 부정적인 감정으로 나눌 수 없습니다. 감정은 그 자체로 존중받아야 하며, 변화 가능한 정서입니다. 슬픔이 기쁨이 되기도 하고, 원망의 감정이 고마움으로 변화되고 서로 영향을 주며 흘러가기도 합니다. 일상생활에서 자신의 감정을 솔직하게 표현했을 때 존중받지 못한다면 감정을 제때 표현하지 않고 참다가 여러 오해를 불러일으키는 원인이 되기도 하고 관계를 어렵게 만들기도 합니다.

자신이 어떤 감정을 느끼고 있는지에 대하여 자신이 파악하고 인식하는 것이 중요합니다. 자신의 감정 상태를 인식하고 부드럽고 솔직하게 말로 표현할 수 있으면 대체로 많은 감정들은 해소됩니다. 그리고 감정이 해소되면 다시 새로운 상황에 적응할 수 있는 적응력이 생기게 됩니다.

자신의 감정을 회피하지 않고 잘 알아차리는 사람은 다른 사람의 감정에 대해서도 많은 부분을 공감할 수 있는 능력자일 가능성이 높습니다.

사춘기는 자아 정체성이 발달하는 시기이기 때문에 이 시기 청소년은 주변 분위기나 다른 사람의 입장에 구애받지 않고, 자신의 감정을 비교적 직접적이고 솔직하게 표현하는 특징이 있습니다. 거침없이 자기 생각과 느낌을 말하는 사춘기 청소년에게는 용감하고 쿨한 면이 있습니다. 용기를 내서 감정을 표현하고 친구나 어른들에게 위로와 격려를 받으면, 깊은 신뢰와 연대감을 형성하기도 합니다. 어려운 상황에서도 울고 웃으면서 서로의 감정을 표현하고 나면 마음의 응어리가 남지 않고 마음의 평정을 찾게 됩니다.

"그게 화낼 일이냐?"
"화내면 너만 더 힘들어."
"그런 일로 화를 낸다면 앞으로 험한 세상을 어떻게 살아가겠냐?"

사춘기 청소년이 화를 낼 때 이런 말로 대화를 이어 가서는 안 됩니다. 화 역시 분명한 감정의 표출입니다. 감정의 표출에는 이유가 있고, 그 이유 속에는 아이의 문제와 성장의 가능성이 모두 숨겨져 있기 때문입니다.

"차 한잔 마실래? 엄마는 항상 우리 ○○이 편이야."
"화가 났구나. 누가 우리 ○○이를 이렇게 화나게 했을까?"
"슬프고 힘들구나. 엄마가 좀 안아 줄까?"

밖에서 있었던 일을 짜증 내며 말할 때

부모 상담에서 있었던 대화를 들어 보겠습니다.

"아이가 초등학교 5학년입니다. 아이가 학교에서 있었던 일이나 친구들 사이에 있었던 일들을 이야기할 때 짜증을 내면서 이야기합니다. 아이가 남 탓을 하고 짜증을 내면 어떻게 대화를 이어가야 할까요? 대화가 안 되고 서로 짜증 내다가 끝납니다."

"아이가 다른 사람들에게 짜증 낼까 봐 너무 다그치거나 단속하지 않아도 됩니다. 부모님에게만 그러는 것입니다."

"부모에게만 짜증 낸다면 그래도 다행이에요. 습관 될까 봐 걱정이거든요."

"너그러운 마음으로 아이의 마음을 살피면 어떨까요? 부모가 아이 편이라는 것을 차분하게 전달해야 합니다. 아이가 짜증을 내는 것은 부모님들께서 너무나 아이의 문제점을 잘 알아서 수시로 지적하기 때문일 수도 있습니다."

사춘기 아이에게, 부모는 세상에서 아무 의심 없이 기댈 수 있는 자기 편입니다. 그런 부모님이 자신을 변호하지 않고 다른 사람의 입장을 변호하는 대화를 한다고 느끼면, 아이의 마음속에는 불만이 쌓이기 시작합니다. 짜증은 불만이 누적되어 나타나는 일종의 신호라고 생각하시면 좋겠습니다. 아이의 감정 표현을 허용해 주시고, 어떤 문제로 힘들어 하는지 살펴보시면 좋겠습니다. 그리고 아이의 감정과 공감해 주세요.

"넌 왜 집에만 오면 짜증이냐!"
"짜증 부리지 말고 말을 해!"
"왜 그랬어?"
"네가 좀 참으면 되잖아."
"그럴 때 나서지 말라고 했지?"

이런 말들은 가급적 안 하는 것이 좋습니다.

"저런~ 힘들었구나."
"잘 참고 집에까지 와서 고마워."

이렇게 말하면서 대화를 이어 갑니다. 눈을 맞춰 주고, 고개를 끄덕여 주고, 동의가 안 되는 것들도 건성으로 동의하며 지나치지 말고, 어떤 일이 있었는지, 어떤 상황이었는지 물어보면서 들어 주는 것이 좋습니다.

"그 사람은 왜 그랬을까?"

"우리 ○○이가 힘들었겠네."

"화가 많이 났구나. 그런데 잘 참고 집에까지 왔구나."

"너무 여러 가지 감정을 섞어서 말하니까 엄마가 이해하기 힘들어. 천천히 말해 줘."

"그때 누가 함께 있었을까?"

아이가 짜증을 내는 것은 마음이 불안하고, 자신감이 없기 때문입니다. 부모가 아이를 다그치지 않고, 언제나 아이 편이라는 사실을 차분하게 전달하는 것이 좋습니다. 부모는 아이의 강점과 약점을 잘 알고 있습니다. 그런 상황에서 부모가 다른 사람들의 입장을 변호한다고 생각될 경우, 아이는 고립감으로 더 많이 짜증을 부리게 됩니다.

사춘기가 되면 자신감도 생기고 정의감도 생깁니다. 문제점을 알고도 제기하지 못하면 스트레스를 받다가 집에 와서 자신을 이해하는 부모에게 털어놓고 말하고 싶은 마음이 짜증을 내는 방식으로 나타나는 경우도 발생합니다. 아이를 다그치지 마세요. 아이와 눈을 맞추고 경청하세요.

아이에게 '언제나 너의 편이다'라는 사실을 알려 주어야 아이도 신뢰감을 갖고 차분하게 자신의 이야기를 할 수 있습니다. 부모는 대화를 통해서 옳고 그름을 말해 주고 싶어 하지만 아이들은 부모와의 대화를 통해서 부모가 자신의 편이라는 사실을 확인하고 싶어 하는 심리가 있습니다.

아이가 실수를 했을 때

"그런 실수를 하다니!"
"우리 체면이 뭐가 되겠니?"

아이에게 실수와 실패는 그 자체로 상처입니다. 시간을 두고 회복해야 할 과제입니다. 이때 부모의 대응에 따라 아이의 상처가 회복되어 새로운 탄력성을 갖기도 하고, 상처가 낙인이 되어 두고두고 발목을 잡기도 합니다. 실패와 실수의 경험이 적은 부모일수록 자녀의 실수에 당황하기 쉽습니다. "그런 실수를 하다니!", "네가 이럴 줄은 몰랐다"라며 무심결에 실망을 표현하기도 하고, 아이의 입장이 아닌 부모 자신의 입장이나 체면을 반영하는 말로 아이에게 새로운 상처를 더하기도 합니다. "예의 없다는 말을 들으면 되겠냐?", "너무 긴장하니까 평소 실력도 발휘하지 못하는 거야!"라는 말은 아이를 걱정하고 격려하는 말처럼도 들리지만, 아이는 책망의 말로 받아들이기 쉽습니다. 이럴 때는 다른 무엇보다 아이의 심리적 안전을 지켜 주는 말이 필요합니다. 아이 자신의 문제가 아니라, 상황이나 발생한 문제 자체를 돌아보게 해 주는 것입니다.

"안타깝구나. 다친 데는 없어?"
"평소보다 긴장한 것 같구나. 다시 기회가 올 거야. 힘 내."

아이가 "죄송해요" 또는 "나도 이런 실수를 할 줄은 몰랐어요", "나는 정말 안 되겠어요"라고 말하는 경우에도 아이의 몸과 마음을 먼저 보살펴 주고 다음에도 기회가 있다는 점을 거듭 말해 주고 격려해 주면 됩니다.

사춘기 청소년은 실수나 실패에 대해서 민감하고 걱정도 많습니다. 그러나 사람이기 때문에 실수를 할 수 있습니다. 사람은 기계처럼 정확하거나 예상된 입력값에 따라 결과를 도출해 내는 존재가 아닙니다. 실수나 실패를 통해서 오히려 더 많은 것들을 배우고 성장하는 계기가 될 수 있다는 점을 허용하는 교육이 필요합니다.

아이의 모든 감정은 소중합니다

"우리 아이는 부정적인 감정을 표현하는 것을 힘들어 합니다. 아이가 힘들다, 슬프다 등 부정적인 감정도 솔직하게 표현할 수 있도록 돕기 위해서는 어떻게 해야 할지 모르겠어요."

먼저 괴로움, 슬픔 등을 부정적인 감정이라고 규정하지 않았으면 좋겠습니다. 아이의 모든 감정은 소중합니다. 감정은 상황에 따라 변화하면서 정서적인 성장을 이끌어 내고 공감 능력을 높여 줍니다. 감정을 긍정적인 감정과 부정적인 감정으로 나누는 순간 아이들은 특정 감정의 표현을 숨기는 경향이 있습니다.

아이가 다양한 감정을 표현할 수 있도록 평소 대화를 나누는 가족들이 아이의 말을 경청하는 것이 중요합니다. 어떤 감정을 표현해도 이해받을 수 있고, 미움받지 않고, 존중받는다고 생각하면 의외로 아이들은 솔직하게 자신의 감정을 표현합니다. 아이의 말을 잘 들어 주면서 공감하는 표현을 해 주시면 차츰 자신의 입장에서 말할 수 있게 성장합니다. 앞에서도 이야기했었지만 여기서는 조금 더 자세히 다뤄 봅시다.

"왜 그랬어?"
"좀 참지."
"엄마가 그럴 땐 나서지 말라고 했잖아!"

아이를 마음 깊이 사랑하고 있어도 이런 방식으로 대화를 한다면, 아이와 대화를 이어 가기 어렵고, 아이의 마음을 얻기 어렵습니다. 아이가 말을 시작하면 동의와 공감으로 대화를 이어 갈 수 있도록 격려하는 것이 좋습니다.

"그렇구나."
"그래. 그런 생각을 했구나."
"그렇게 생각할 수도 있겠네. 그다음에는 무엇을 할 수 있을까?"
"그래? 재미있겠네."
"상황이 이해하기 어렵네. 자세하게 말해 주면 좋겠어."

눈을 맞추고 고개를 끄덕여 주고 경청하는 것이 중요합니다. 아이의 말을 듣고 난 후에는 아이의 존재를 응원하는 말로 마무리하는 것이 좋습니다.

"우리 ○○이 많이 컸네."

"생각이 깊구나."

"이제 보니 참을성이 많네."

"여러 가지로 살펴보았구나."

감정에는 부정적인 감정과 긍정적인 감정이 없습니다. 감정은 서로 교차하고 깊어지면서 극복하고 변화되는 과정을 겪습니다. 그러니 아이의 모든 감정은 소중합니다. 감정을 좋은 감정과 나쁜 감정으로 구별하고 늘 명랑하고 밝은 감정만 유지하라고 강조하면 아이 스스로 좋은 감정과 나쁜 감정을 구별해서 거짓 감정으로 자신을 숨기고 맙니다.

심리적으로 안전한 상황은 자신의 감정을 존중받았을 때입니다. 감정을 존중받았을 때, 감정에 의해 휘둘리지 않고 자신이 감정을 인정하고 허용할 수 있는 마음의 여유가 생기는 것입니다. 그리고 자신을 바라보는 다른 사람의 너그러운 허용과 공감을 통해서 자신의 내면의 감정이 새로운 에너지로 변화하는 경험을 할 수 있습니다. 이런 경험을 해 본 사람은 특정 감정에 대한 좋고 나쁨을 구별하지 않고 감정 그 자체를 이해하고 표현할 수 있습니다.

자신의 다양한 감정들을 수용하고 대화를 통해 표현하는 것은 스스로 삶의 주인으로 살아가는 과정이라고 할 수 있습니다. 기쁘다, 슬프다, 즐겁다, 힘들다, 행복하다, 우울하다 등 모든 감정을 솔직하게 잘 표현할 수 있도록 돕는 대화가 필요합니다.

어린 시절에는 아이가 표현하지 않아서 눈에 띄지 않았던 특징들이 있습니다. 그런데, 사춘기가 되면서 적극적으로 자신의 감정을 행동으로 표현하면 아이가 달라졌다고 생각할 수 있습니다. 그러나 아이는 달라진 게 아니라 성장한 것입니다. 스스로 자신의 의견을 표현할 수 있다고 생각할 정도로 성장한 것입니다.

지나간 일도 사과해야 하나요?

어느 날, 횡단보도에서 신호를 기다리고 있었습니다.

엄마와 고등학생쯤으로 보이는 아들이 옆에서 정답게 이야기를 나누는 소리가 들렸습니다. 두 사람이 화기애애하게 대화를 나누는 것으로 보아, 아마도 좋은 일로 저녁을 함께 먹고 집으로 들어가는 듯했습니다. 그런데, 꼭 이렇게 좀 편안함을 느끼는 순간, 청소년은 마음속에 묵혀 두었던 섭섭한 기억들을 끄집어 내서 즐거운 분위기를 깨는 경향이 있습니다.

엄마 그런데요, 그때 왜 그러셨어요?

언제?

초등학교 6학년 때인가, 중학교 1학년 때인가 정확한 시기는 모르겠는데, 엄마가 나에게 엄청 화를 내고 나가라고 소리치던 일이 있었어요. 나는 울면서 안 나가겠다고 했어요. 그때 엄마가 무서웠어요. 왜 그러셨어요?

그때? 말도 마라.

너 사춘기 장난 아니었지. 인간이라고 보기 어려웠어….

….

아들의 표정이 심하게 흔들렸습니다.

신호등이 바뀌었습니다. 아들은 건널목을 건너지 않았고, 엄마는 멈춰 있는 아들을 황당하다는 듯이 바라보다가 건널목을 건넜습니다. 나는 낯선 엄마에게 말을 건넸습니다.

"어머님, 다시 뒤로 돌아가서 아들을 붙잡으세요. 그리고 아들에게 사과하시는 것이 좋겠습니다. '그때는 정말 미안했다'고요. 지금은 아들의 마음에 맺혀 있는 과거의 섭섭함을 풀어 주시는 것이 가장 중요합니다. 상황이 너무 안타까워서 초면에 염치 불

고하고 끼어들었습니다. 어서 아드님께 가 보세요."

청소년 자녀가, 또는 청년이 된 자녀가 "그때 왜 그러셨어요?"라고 부모에게 섭섭했던 기억으로 과거에 있었던 섭섭한 일들에 대한 이야기를 끄집어 내면 사과해 주고 토닥거려 줄 준비를 하시는 것이 좋습니다. 당황하지 마세요. 과거에 있던 아이의 잘못을 새삼 들춰 내지도 마세요. 그저 사과하고 너그럽게 보듬어 주시면 됩니다. "처음으로 사춘기 아이를 둔 부모로 살기 시작하면서 낯설고 서툴렀다. 그때 미안했다. 네가 잘 견뎌 주고 이렇게 많이 커 줘서 고맙다. 그리고, 사과할 기회를 줘서 고맙다"라고요. 과거의 잘못을 들춰 내는 것은 부모 입장에서 억울하고 불편할 수 있지만, 한편으로는 아이가 기억하고 있는 섭섭함과 화해할 수 있는 최선의 기회입니다. 거꾸로 화를 내거나, 아이와 힘겨루기에 들어가서는 절대 안 됩니다.

아이가 오해를 해도 부모가 사과해야 하나요?

아이와 부모의 힘겨루기는 부모와 아이의 말에서 서로의 시시비비를 가리는 경우에도 많이 발생합니다. '그런 뜻이 아니

었다. 너도 내 입장에서 생각해 보면 이해할 것이다'라는 생각
이 들면 부모도 양보하기가 쉽지 않습니다. 이럴 경우, 부모가
한 말의 진위 여부보다 아이가 받아들인 내용이 중요합니다.
부모가 한 말에 대해 아이가 섭섭해하면 시시비비를 가리기
전에 먼저 사과부터 해야 다음 이야기를 이어 갈 수 있습니다.

제 얘기를 한번 해 보겠습니다. 저도 중학생들과 수업을 하
면서 본의 아니게 공식적으로 사과를 했던 적이 있습니다.
수업 시간 전에 과제 확인을 했는데, 평소에 과제를 잘 내던
○○이가 어제에 이어 연속으로 과제를 가져오지 않았습니다.

○○아. 과제는?

깜빡하고 집에 두고 왔어요….

○○이가 요즘 정신이 없구나.

수업을 진행하다 돌아보니, ○○이가 엎드려 있었습니다. 가
까이 가서 '어디 아프냐'고 물었습니다. 울고 있었습니다.

○○아 왜 울어. 무슨 일이 있어요?

선생님이 저한테 정신병자라고 했잖아요.

나는 그런 말을 한 적이 없는데?

저한테 분명히 정신이 없다고 하셨잖아요.

아니 나는 네가 책을 두 번이나 안 가져와서 정신이 없다고….

그게 그런 말이잖아요.

나는 억울해서 학생들에게 말했습니다.

여러분, 제가 그런 의미로 말한 것은 아닌데….

선생님, ○○이가 울잖아요.

….

아… 미안합니다. ○○ 학생에게 잘못 말했던 점을 사과합니다. 앞으로는 선생님이 문제를 제기할 때, 보다 사실적인 내용을 중심으로 말하겠습니다.

어른의 입장에서는 그런 의도의 말이 아니었어도 사춘기 청소년이 생각하기에 따라서 잘못 받아들일 만한 말을 했을 경우에는 시시비비를 가리기 전에 오해를 일으킨 말에 대해서 일단 사과부터 하는 것이 다음 대화를 이어 가기에 더욱 좋습니다. 어른이 너그럽게 상황을 둘러보면서 아이가 오해와 감정의 터널에서 빠져나올 수 있도록 시간을 주는 방법을 선택하는 것입니다.

사춘기 청소년 시기에 잘 안 되는 것 중 하나가 바로 다른 사람의 입장에서 생각하는 것입니다. 자신과 비슷한 또래들에게는 적극적인 관심을 갖고 또래들의 마음에 공감을 하지만, 자신보다 상대적으로 우월한 입장에 있다고 여겨지는 어른들의 입장까지 공감하는 것은 매우 힘든 시기이기 때문입니다.

사춘기 청소년의 공감 능력과 거울 세포

사춘기 청소년의 정서는 공감을 통해서 형성됩니다.

사춘기에는 감정의 변화가 급격해집니다. 작은 일에도 화를 내거나, 과도하게 슬퍼하고 낙심할 수 있습니다. 별것 아닌 일에도 뛸 듯이 기뻐합니다. 이런 상황에서 부모나 어른은 어리둥절한 생각이 들고 당황할 수 있지요.

이 일이 그렇게도 중요한 거야?

내가 이러는 게 싫어요? 걱정돼요?

아니 그냥….

그런데 왜 웃어요?

네가 귀여워서….

참. 남은 열받아 죽겠는데 왜 비웃고 약 올리냐고요!

이런 경우에 어떤 말을 해도 신통한 반응이 나오지 않고 자꾸 말이 꼬이게 됩니다. 이럴 때에도 아이의 입장에서 아이의 감정을 고려해 주세요. 아이 자신의 입장에서도 상황을 납득하거나 해명하지 못하니까 당황하고 화를 내는 것입니다. 그럴 때는 아이의 마음에 공감하지 못하는 어른의 입장을 솔직하게 사과하고 나중에 이야기할 기회를 갖는 것이 좋습니다. 그 상황에서 자꾸 말이 길어지면 불필요한 오해가 쌓일 수 있습니다.

"미안해. 네가 슬퍼하니까 걱정은 되는데, 또 믿는 마음도 있고 그래서 웃었던 거야. 절대 비웃은 것은 아니야."
"미안해. 내가 아직 상황 파악이 안 돼서 그래. 오늘은 좀 쉬고 다음에 이야기하면 어떨까?"

이 정도로 말해 주면서 관심과 애정을 표현하면 됩니다. 사춘기 청소년의 감정 기복이 심한 이유에는 급격한 성장과 혼란, 호르몬의 변화, 뇌세포의 연결 등 여러 가지가 있습니다. 어쨌거나 사춘기 청소년은 감정의 기복이 심해지는 과정을 겪으며 정서적으로 풍부하게 발달합니다.

인간은 다른 사람과의 만남을 통해서 변화하고 성장합니다. 인간은 지금까지 살면서 경험한 감정과 정서를 다른 사람과 교감하는 과정에서 인간관계를 맺습니다. 그래서 인간관계는 정서적으로 자신의 감정을 표현하고 다른 사람으로부터 공감받는 심리적 공간이라고도 할 수 있습니다.

아이가 인간관계를 맺는 일차적인 대상은 부모입니다.

아이는 부모와의 관계를 통해서 타인에 대한 신뢰와 안정감의 여부를 경험합니다. 타인과 인간관계를 맺는 방법을 처음으로 배우는 곳이 부모와의 아이가 맺는 심리적 공간이라는 의미입니다. 이 공간에서 안전하게 자신을 표현하고 상대방의 반응을 타진합니다. 부모로부터 신뢰와 보호를 받으면 다른 사람과의 관계에서도 자신감을 갖고 표현하기도 하고, 행동을 할 때, 고려해야 할 점들을 배우고 준비합니다. 부모가 사춘기 청소년에게 보여 주는 표정, 눈빛, 몸짓, 태도 등은 청소년의 공감 능력을 형성하는 데 광범위한 영향을 끼칩니다.

우리의 뇌에서 다른 사람의 행동과 감정에 공감해 주면서 활성화되는 세포를 거울 세포라고 합니다. 이 거울 세포 덕분에 사람들이 다른 사람의 행동을 따라 하기도 하고, 더 나아가 상대방이 행동을 통해서 표현하는 감정까지도 느낄 수 있는 것입니다.[07]

아기들이 엄마가 웃으면 따라서 웃으며 기분이 좋아지고, 엄마가 울면 따라 울면서 슬픔을 느끼는 현상은 바로 거울 세포의 영향이라고 할 수 있습니다. 거울 세포는 이렇게 다른 사람의 행동을 따라 할 뿐만 아니라, 행동을 따라 하면서 감정까지도 따라서 느끼는 역할을 하는 세포입니다.

거울 세포는 춤이나 노래 등을 즐겁게 따라 하면서 배우는 과정에서도 스스로 마음이 즐거워지면서 춤이나 노래를 잘 배울 수 있도록 촉진하는 역할도 합니다. 사춘기 청소년 시기에 어른들의 공감에 의해 발달하는 거울 세포의 성장은 삶에 필요한 정신적인 조건과 신체 건강에 영향을 끼치는 '공통의 의미 공간'을 만들어 낸다는 점에서 인간의 정서에 중요한 영향

---

07 요하임 바우어, 이미옥 옮김, 《공감의 심리학》, 에코리브르(2006), 16~17쪽.

을 끼친다고 할 수 있습니다.[08]

추억을 남기는 특별한 여행

체험 학습 신청서 좀 가져오렴.

가족 행사 있어요?

아니! 너랑 여행을 가려고.

왜?

계절이 참 아름다워서

어디로 갈 거예요?

네가 좋아하는 곳으로.

나는 제주도 좋아하는데….

그럼, 제주도로 가자.

아이는 체험 학습 신청서를 가져왔고, 아이와 나는 일요일

08 같은 책, 18쪽.

오후에 떠나서 수요일 오전에 돌아오는 여행 계획을 세웠습니다. 아이는 너무나 좋아했습니다. 토요일에 떠나지 않고 일요일에 떠나서 너무 참신하고 좋다고 춤을 추었습니다. 체험 학습 주제는 생태 문화 기행으로 적었습니다. 함께 의논하여 숙소를 잡고, 아이는 맛집을 검색해서 자신이 안내하겠다고 했습니다. 평일이라서 제주자연휴양림을 예약할 수 있어서 창문 너머로 노루를 볼 수 있는 숲속에서 잠을 잘 수 있었습니다. 제주는 아름다웠고 우리는 무척 행복했습니다.

아이는 성인이 되어서도 그해 봄 제주 여행을 이야기합니다. 자기도 아이와 함께 꼭 평일날 학교에 체험 학습을 내고 제주도에 가겠다고 말하기도 합니다.

> 너에게 근사한 생일 선물을 주고 싶은데 거절하지 말아 줘.

> 뭔데요.

> 거절하지 않겠다고 약속부터 해 주면 말해 줄게.

> 약속할게요. 어쨌든 선물이잖아. 거절할 이유가 없지요.

> 생일 기념 여행 가자.

> 언제?

내일 당장.

학교는?

미리 체험 학습 신청했어.

야호~ 그럼 오늘 밤에 숙제 안 해도 되겠네. 여행 가서 해야지.

우리 기차 타고 갈까?

좋아요!!!

학생들이 학기 중에 체험 학습 신청을 할 수 있는 제도가 있습니다. 학교마다 한 학기에 7~10일 정도, 학생들이 가족 행사뿐 아니라, 학교 밖 체험을 통해 의미 있게 배울 수 있는 기회를 갖도록 보장하고 있습니다. 저는 새학년이 시작되면 학부모님들께 체험 학습 제도를 안내하고 꼭 활용하시라고 말씀드립니다. 아이들은 방학이나 주말이 아니라, 학교를 빼먹고 평일에 여행을 가는 것을 무척이나 좋아합니다. 부모 입장에서도 주말보다 여행 경비가 무척 저렴하여 경제적입니다.

아이를 사랑하는데 서로 말이 통하지 않고 자꾸 어긋날 때, 잘못을 혼내고 나서 새롭게 기운을 북돋아 응원해 주고 싶을 때, 어쩐지 아이가 마음을 몰라주고 미운 행동만 골라 가며 한다는 느낌이 들 때, 집 안에서만 서로 다투지 말고 훌쩍 여행을 다녀오기를 권합니다.

여행 내내 별로 말하지 않고 아이가 핸드폰만 계속 보더라도, 그저 함께 기차를 타고 낯선 도시에 가서 하룻밤을 자는 것입니다. 대화를 하겠다는 목적과 뭔가를 체험하고 배우도록 하겠다는 욕심을 버리고 그저 함께 시간을 보내는 것입니다. 아이가 4학년이 되어서, 아이가 중학생이 되어서, 아이와 봄 바다를 보고 싶어서, 가을을 깊게 느끼고 싶어서 등 여행을 가야 할 이유는 많습니다.

부모와 함께 십 년을 살아서 사춘기를 맞는 아이들이 거기서 십 년을 더 살면 성인이 됩니다. 그동안 우리가 물려줄 수 있는 가장 소중한 선물은 함께 보낸 행복한 시간에 대한 추억이 아닐까요?

아이와 함께하는 여행은 언제나 특별한 추억을 선물해 줍니다. 그리고 아이와 함께 여행을 갔던 도시나 지역을 가면 아이의 그 시절 모습과 목소리와 행동들, 함께 먹었던 음식들이 선물처럼 떠오릅니다. 아마도 아이들에게도 어른이 되어서도 오래오래 못 잊을 추억으로 떠오를 것입니다.

사춘기 청소년
깊게
이해하기

01 사춘기는 몇 살부터 몇 살까지?

인간의 성장 과정은 크게 유아기, 아동기, 청소년기, 성인기로 나뉩니다. 그리고 우리나라 청소년기본법에서는 청소년의 연령대를 만 9세에서 24세까지로 규정하고 있습니다. 청소년기본법 제3조, "청소년이란 9세 이상 24세 이하인 사람을 말한다."

인간의 성장과 발달을 연구하는 학자들 대다수는, 이십 대 중반까지 육체적인 성장과 정신적인 성장이 진행된다고 보는 견해에 근거하여 청소년기를 규정하였습니다. 그런데 이십 대에 근접하는 시기부터는 정신적인 성장이 이미 성인에 근접한 상황이라고 보기 때문에 청소년보호법에서는 사회적으로 보호받아야 할 청소년 시기는 만 19세까지로 규정하고 있습니다.

따라서 사회적으로 청소년 시기라 하면 십 대를 통칭한다고 할 수 있으며, 만 9세부터 16세까지를 청소년 전반기, 만 17세부터 24세까지를 청소년 후반기라고 할 수 있습니다. 청소년 후반기는 사회적으로 어느 정도 성인으로 인정받는 연령대라고 할 수 있습니다. 만 18세부터는 혼인 신고를 할 수 있고, 투표권도 행사할 수 있으며, 운전면허도 취득할 수 있습니다.

그렇다면 사춘기는 몇 살부터 몇 살까지일까요? 아직은 성인이 아니지만, 성인으로 발돋움하는 시기가 사춘기입니다. 이 책에서는 전체 청소년 시기의 전반기라고 할 수 있는 만 9세부터 16세까지의 시기를 특정하여 사춘기로 보고 있습니다.

02 사춘기의 성장 단계를 살펴보면?

흔들리며 성장하는 사춘기라고들 하지만, 사춘기 역시 여러 개의 단계로 나눌 수 있습니다. 보통 3단계로 나누는데, 서서히 성장하는 사춘기 전반기, 사춘기 절정기, 사춘기 안정기로 나눌 수 있습니다.

사춘기 전반기는 우리나라 학령기를 중심으로 살펴보면 초등학교 3~5학년(만 9세~11세)이라고 할 수 있습니다. 이 시기에는 신체적으로 부쩍 성장합니다. 자기중심적이고 낯선 행동들을 보이기 시작하고, 정신적으로도 자기 의견을 표현하기 때문에 부모는 '아이가 자기주장을 하고 고집이 있구나', '생각이 많아지고 혼자만의 시간을 갖고자 하는구나', '까다롭게 굴고 변덕을 부리구나'라는 느낌을 받을 수 있습니다. 물론 아이들에 따라서는 4~5학년에 사춘기를 맞는 경우도 있습니다.

사춘기 절정기는 초등학교 6학년(만 12세)부터 중학교 2학년(만 14세)입니다. 이 시기는 육체적으로 2차 성징이 구체적으로 나타나고, 정신적인 성장과 정서 성장이 급격하게 이루어집니다. 자기주장이 강해지고 정서적인 성장에 따라 감정의 기복을 심하게 겪는 사춘기의 특징을 제대로 겪는 시기라고 할 수 있습니다.

사춘기 안정기는 그 뒤에 옵니다. 중학교 3학년(만 15세)이나 고등학교 1학년(만 16세)쯤이 되면 여전히 사춘기의 특징이라고 할 수 있는 변화와 성장, 감정의 변덕스러움 등의 특징이 있지만, 청소년 스스로 이러한 변화에 대한 일정한 적응력이 생깁니다. 자신의 성장 과정을 바탕으로 흔들리던 자아 정체성이 어느 정도 형성된 시기라고 할 수 있습니다. 이전 단계와 비교할 때 다른 사람의 입장에 대한 이해심도 깊어지지만, 자신이 생각하는 것을 주변 사람에게 표현하고 행동하는 능력이 한결 성장하는 시기입니다. 비교적 안정된 모습을 갖추는 시기라고 할 수 있습니다.

03 사춘기의 성장 특징은?

사춘기의 특징을 한마디로 정의하면 육체적으로나 정신적으로 폭발적인 성장을 하는 시기라고 할 수 있습니다. 이 성장의 과정에서 여학생의 성장 속도와 남학생의 성장 속도가 차이를 보이는 특징이 나타납니다.

개인차는 있겠지만, 대체적으로 육체적으로나 정신적으로 사춘기 여학생들이 사춘기 남학생들보다 2년 정도 빠르게 성장하는 경향이 있습니다. 초등학교 5, 6학년 교실이나 중학교 1학년 교실에서는 여자아이들이 남자아이들보다 신체적으로 힘도 세고 목소리도 큰 편입니다. 언어를 이해하는 능력이나 언어 표현 능력 등에서도 여학생들이 남학생들보다 빠르게 성장하기 때문에, 회의에서 의견을 내고 설득하고 추진하는 능력도 다소 빠르게 성장합니다.

그러나 사춘기 시기에 새로운 공간을 탐색하고 지각하는 능력은 남학생들이 여학생들보다 빠르게 성장하기 때문에, 남학생들은 산만하다거나 싸돌아다닌다는 질책을 받기 쉽습니다.

사춘기 이전에는 여학생과 남학생의 신체적 근력이 서로 비슷하지만, 사춘기가 지난 뒤에는 남학생의 근력이 여학생보다 더 강하게 발달하고 힘이 세집니다. 그러나 사춘기 이후가 되면 여학생과 남학생의 언어 이해와 언어 표현 능력을 포함하는 인지능력, 공간에 대한 탐색과 지각 능력 등이 균형을 이루면서 서로 비슷하게 발달하는 모습으로 나타납니다.

교육학자들과 심리학자들은 인간의 성장 과정에서 사춘기의 성장에 주목하여, '질풍노도의 시기', '제2의 탄생기'라고 부르며 그 중요성을 강조하였습니다. 이러한 성장과 변화의 모습들은 각 가정과 사회적 조건이나 개인의 성장 환경, 부모의 양육 조건에 따라서 나타나는 시기가 더 빠르거나 더 늦게 나타날 수 있습니다. 생각과 행동을 표현하는 양상도 부모의 교육 방향과 철학, 대화법에 따라서 다양하게 나타날 수 있습니다.

그런데, 사춘기를 겪지 않고 성인이 된 사람은 없습니다.

모든 사람들이 사춘기를 겪으며 몸과 마음의 변화와 혼란을 겪으며 성장합니다. 그리고 이러한 성장 과정에서 누구나 지향하는 가장 중요한 목적은 '삶의 주인으로 행복하게 살기'라고 할 수 있을 것입니다.

04 뇌세포의 연결의 힘

사람의 뇌가 신생아 때부터 만 3세까지 폭발적인 성장을 한다는 사실은 널리 알려져 있습니다. 그래서 0~3세 사이의 교육을 강조하는 육아법도 여러 가지가 나와 있습니다. 많은 부모가 이 시기에 자녀의 아이의 뇌를 발달시키기 위해 노력합니다.

유아기부터 사춘기가 시작되기 전까지 아동의 뇌는 비교적 안정적으로 성장합니다. 초등학교 저학년 학생들이 초등학교 고학년 학생들과 중학생들보다 차분하고, 어른들의 말에 비교적 순종하며, 주변 정리 정돈 등을 잘하는 이유도 비교적 안정적으로 성장하고 있기 때문입니다. 그러나 사춘기가 시작되는 시기에 아이의 뇌는 다시 0~3세 시기의 성장 속도를 능가할 정도로 급격한 속도로 성장합니다. 성장한다는 것은 변화이며, 불안정한 흔들림을 동반하기도 합니다. 사춘기 청소년의 입장에서는 적응 과정에서 혼란이 일어나고 감정의 출렁거림이 일어날 수 있습니다.

사춘기가 인간의 '제2의 탄생기'이자 '제2의 성장기'라고 불려왔던 이유가 바로 이 시기 정신적 성장과 정서적 성장의 변화에 있다고 할 수 있습니다. 이러한 변화를 긍정적으로 보는 관점에서 사춘기의 절정기를 '기적을 부르는 나이'라고 부르기도 합니다. 이 시기에는 신체적인 변화와 함께 정신적인 성장과 정서적인 성장이 급격하게 이루어지면서 새로운 시야가 열리고 변화가 일어납니다. 심지어는 부모와 자녀 사이의 관계가 재정립하는 과정을 겪기도 합니다.

이 과정에서 가장 많은 영향을 끼치는 것이 대화입니다.

몸이 건강하게 성장하기 위해서는 양질의 음식을 골고루 충분하게 먹는 것이 중요한 것처럼 정신적으로 건강하게 성장하기 위해서는 상황에 맞는 양질의 대화가 필요합니다. 대화는 생각을 표현하고 정보를 전달하는 역할을 할 뿐 아니라, 새로운 생각이 생겨나도록 촉진하는 역할을 하기 때문입니다.

또한, 사춘기 청소년이 학습 과정에서 어떤 내용을 어떤 방식으로 배우느냐에 따라서 뇌세포의 연결 방식이 달라질 수 있습니다. 사춘기 청소년이 학습 과정에서 생각하고 대화하면서 탐구하는 학습을 한다면 뇌세포 연결은 깊은 사고력과 논리적 판단을 하기 위한 방향으로 연결하며 성장할 것입니다. 반대로 암기를 강조하고 반복 학습과 암기를 중심으로 공부한다면 뇌는 더 많은 것을 외우기 위한 방향으로 성장할 것입니다. 수동적으로 지식 정보를 받아들이기만 하는 활동을 많이 하면 아이는 쉽게 흥미를 상실하고 스트레스를 받게 될 수 있습니다.

05 거울 세포와 정서적인 공감

이탈리아의 생리학 연구소장인 자코모티는 다른 사람의 마음과 행동을 비추어 주는 세포 체계를 발견하였으며, 이 세포 체계의 명칭을 거울 세포로 명명했습니다. 거울 세포는 인간관계에 중요한 영향을 주는 세포입니다.[09] 일상적으로 인간관계를 맺으며 살아가는 사람들의 상호 작용 과정에서 한 사람의 정서적인 표현과 행동 방식은 다른 사람들에게 많은 영향을 줍니다. 특히 어른과 아이의 관계에서 어른들의 정서적인 표현과 행동의 방식은 함께 살아가는 아동과 청소년의 정서적 성장과 표현 방식에 영향을 끼칩니다.

---

09 요하임 바우어, 이미옥 옮김, 《공감의 심리학》, 에코리브르(2006), 17~18쪽.

거울 세포는 다른 사람이 자신의 감정에 공감해 주었을 때 즉각 활발하게 반응하고 성장합니다. 자신이 경험하고 있는 정서적인 과정이 다른 사람에게서 일어나는 것을 관찰할 때 즉각 활성화되는 뇌의 신경 세포입니다.

청소년은 함께 생활하고 있는 보호자들의 감정을 표현하는 언어와 태도 행동 눈빛 등을 통해서 영향을 받습니다. 만약 이 시기에 가까운 사람들로부터 자신의 감정을 공감받은 경험이 부족해진다면, 거울 세포의 발달이 제대로 되지 않아 감정적인 공감 반응을 할 능력이 활성화되기 어렵습니다.[10]

공감 능력은 다른 사람들의 기쁨과 슬픔, 분노와 안타까움 등의 감정을 이해하면서 공동체로 살아갈 수 있는 실천 동력을 만들어 냅니다. 개인은 공감 능력을 통해서 공동체의 일원으로 살아갈 뿐 아니라, 공동체를 변화시키는 데 기여합니다. 인간관계를 통한 상호 작용은 서로를 돕고 지원하기 위해서 실천하는 행동을 이끌어 내고 결국은 자신이 살고 있는 사회 공동체 구성원들의 행복을 위한 변화를 만들어 냅니다. 거울 세포의 발달과 공감 능력은 우리가 함께 살아가기 위한 능력이라고 할 수 있습니다.

---

10 같은 책, 69쪽.

우리의 뇌는 내가 말하고 표현한 사실도 기억하지만, 다른 사람들이 나를 바라본 표정과 언어들을 필름처럼 저장합니다. 청소년은 부모가 자신을 바라보며 짓는 표정과 행동, 대화를 기억합니다. 그리고 그 기억을 통해서 자신을 인식하고 규정하기도 합니다. 부모가 자신을 보고 자주 슬퍼하면 '나는 슬픔을 주는 사람이구나'라고 인식하며 규정합니다. 반면 부모가 자신을 보고 자주 기뻐하면 '나는 기쁨을 주는 사람이구나'라고 인식하며 규정하는 것입니다.

따라서 사춘기 청소년에 대한 부모의 긍정적인 말을 자주 해 주면, 자녀의 기억에 저장되어 살아가는 동안 자녀를 응원하고 삶을 살아갈 수 있는 힘이 되는 것입니다.

새로운 길을 찾는 아름다운 사춘기

4월 중순, 산에는 온갖 봄꽃들이 가득 피어 있습니다.

하산길에서 초등학교 6학년이나 중학교 1학년쯤으로 보이는 사춘기 청소년 아들과 엄마와 아빠 한 가족을 만났습니다. 산길은 평범하고 아름다웠으며, 계곡은 바위틈으로 물이 흘러내려 새롭고 아름다웠습니다. 그런데 사춘기 청소년 아들이 길옆의 바위로 눈길을 돌리고 한 걸음을 떼었습니다.

"야야 위험해! 아빠 가는 길로 가!"

아이는 못 들은 척 바위를 따라 계곡 쪽으로 내려갔습니다. 곧이어 부모들의 잔소리가 거세게 이어졌습니다.

"너 그러다 다치면 어쩌려고 그래!"
"넌 왜 사사건건 그렇게 말을 안 듣는 거니!"

아이는 아무 말이 없습니다.

가고 싶은 샛길을 여섯 걸음이나마 갔으니까, 부모의 잔소리 정도는 견딜 수 있는 걸까요? 아니면 마음은 다쳤지만 늘 있는 일이라 그저 습관처럼 참는 것일까요?

그보다, 지금 걷는 길과 조금 다른 그 길에서 무엇이 아이의 마음을 끌었을까요?

출렁거리는 나무들을 보면서 여러 생각을 하게 됩니다.

사춘기 청소년 부모님께 제안합니다

태어나서 사춘기까지, 아이는 열 살이 넘도록 잘 자라 주었습니다.

이제부터는 아이를 더 많이 믿어 주시고, 지금까지 자녀를 잘 키워 온 부모 자신도 믿어 주세요. 그리고 조금씩 눈을 들어서 우리 아이가 살아갈 세상을 둘러보시기를 제안합니다. 눈부신 하늘도 자주 바라보시고, 언 땅을 뚫고 돌아나는 새싹들도 봐 주시고, 계절의 변화를 느끼게 해 주는 나무들에 기대어도 보십시오. 그리고 가끔 아이랑 함께 빗소리를 들으며 차 한 잔 마시고, 아이와 눈을 맞춰 주세요.

"네가 우리에게 와 주어서 고맙다."는 고백도 해 주세요. 그리고 "너도 이제 많이 컸으니, 하고 싶은 말을 해도 된다."고 허용도 해 주십시오. 말이 잘 안 통하고 말썽을 부리면 시간을 내어 함께 기차를 타고 낯선 고장으로 여행도 다녀오시면 좋겠습니다.

아이의 사춘기 교육에서 가장 중요한 것은 부모 자신의 시간을 돌보고 아이의 문제와 관련해서는 아이의 의견을 묻는 것입니다. 사춘기란 부모를 떠나서 독립적으로 살아가기 위해 몸과 마음의 힘을 길러야 하는 시기이기 때문입니다.

아이와 함께 지금 행복한 시간을 보내는 것이 가장 중요한 미래 교육입니다. 새로운 성장기인 아름다운 사춘기, 내 아이의 생각을 좀 더 이해하고, 생각을 표현하는 대화법을 배우고 연습하자고 제안합니다.

사랑이 깊다고 해서 말이 곱게 나오지는 않습니다. 어떨 때는 마음과 달리 모진 낱말들이 튀어나와 나와 내 아이 사이를 낯설게 하기도 합니다. 내게서 떠난 말들을 주워 담으려고 엎드리다 보면 모든 서러움이 몰려 들어와 본말이 뒤바뀌는 경우도 생깁니다.

그래도 시간은 부모의 편입니다. 부모는 아이의 성장을 기다려 줄 수 있기 때문입니다. 아이의 말을 더 많이 경청하고 부모가 하고 싶은 말들은 천천히 부드럽게 표현하면 좋겠습니다.

"네가 세상에 와 줘서 정말 고마워."

"이렇게 잘 자라줘서 고마워."

그리고 이 책을 읽어 주신 부모님들께 감사드립니다.

참고 문헌

《감정의 성장》(2015), 김녹두, 위고.

《경쟁에 반대한다》(2019), 알피 콘, 이영노 옮김, 민들레.

《공감의 심리학》(2006), 요하임 바우, 이미옥 옮김, 에코리브르.

《공부를 넘어 교육으로》(2011), 마사 누스바움, 우석영 옮김, 궁리.

《관계의 교육학》(2019), 진보교육연구소·비고츠키교육학실천연구모임, 살림터.

《교사의 말공부》(2019), 천경호, 우리학교.

《교육은 자기교육이다》(2004), 한스 게오르그 가다머, 손승남 옮김, 동문선.

《나는 왜 아이와 말할 때 화가 날까》(2014), 임영주, 경향BP.

《몰입의 즐거움》(2021), 미하이 칙센트미하이, 이희재 옮김, 해냄.

《부모라면 지금 꼭 해야 하는 미래 교육》(2018), 박미자, 위즈덤하우스.

《사춘기 준비 사전》(2019), 박성우, 창비.

《사춘기라서 그런 게 아니라 우울해서 그런 거예요》(2021), 양곤성, 팜파스.

《선생님을 위한 비폭력 대화》(2022), 김미경, 우리학교.

《아들러 심리학 해설》(2014), 알프레드 아들러, 설영환 옮김, 선영사.

《어떻게 말해줘야 할까》(2020), 오은영, 김영사.

《엄마의 말하기 연습》(2018), 박재연, 한빛라이프.

《요즘 아이들 마음고생의 비밀》(2019), 김현수, 해냄.

《우리들의 불평등한 학교》(2021), 백병부·권순정·심재휘·윤선인·이혜정, 학이시습.

《우리 아이, 어떻게 사랑해야 할까》(2021), 제시카 조엘 알렉산더·이벤디싱 산달, 이은경 옮김, 상상아카데미.

《이토록 뜻밖의 뇌과학》(2020), 리사 펠트먼 배럿, 변지영 옮김, 더퀘스트.

《인지심리학은 처음이지?》(2022).김경일·김태훈·이윤형, 북멘토.

《중학생, 기적을 부르는 나이》(2013), 박미자, 들녘.

《중학생, 아빠가 필요한 나이》(2014), 박미자, 들녘.

《지혜로운 부모는 어떻게 말하는가》(2021), 칙 무어만, 이상춘·이준형 옮김, 한문화.

《청소년 감정코칭》(2012), 최성애·조벽, 해냄출판사.

《청소년을 위한 비폭력 대화》(2013), 김미경, 우리학교.

《코로나로 우리가 잃은 것들》(2020), 김현수, Denstory.

《투정 많은 아이, 친구 많은 아이》(2001), 박미자, 동아일보사.

《포스트코로나시대의 교육》(2021), 성열관 외 11인, 살림터.

《행복한 이기주의자》(2013), 웨인 다이어, 오현정 옮김, 21세기북스.

《10대의 뇌》(2018), 프랜시스 잰슨·에이미 엘리스 넛, 김성훈 옮김, 웅진지식하우스.